南京水利科学研究院出版基金资助

粗粒土颗粒破碎与本构模型

郭万里 鲁洋 著

中国水利水电出版社
www.waterpub.com.cn

·北京·

内 容 提 要

本书针对粗粒土颗粒易破碎导致变形预测难度大的问题,通过总结粗粒土的静力特性研究现状,确定了粗粒土的力学特性研究必须考虑颗粒破碎影响的研究思路;提出了一个描述土体级配的方程,实现了对土体级配的定量化描述,并系统地研究了该方程的性质及应用;分析了破碎指标与级配参数、破碎指标与应力应变之间的关系,建立了完整的"应力应变→破碎指标→级配参数"的数学模型;提出了一种新的颗粒破碎耗能计算方法,使得计算结果满足能量不可逆定律,并在此基础上推导了一个考虑颗粒破碎影响的剪胀方程;建立了一个考虑颗粒破碎影响的广义塑性本构模型,实现了对易碎粗粒土强度变形性质的合理预测;最后,以珊瑚砂作为典型的颗粒易破碎材料,验证了级配方程、剪胀方程及本构模型的适用性。

本书可供从事土体基本性质及本构理论研究的科研工作者参考使用,对于涉及珊瑚砂、堆石料等颗粒易破碎材料的工程具有重要的参考价值。

图书在版编目(CIP)数据

粗粒土颗粒破碎与本构模型 / 郭万里,鲁洋著. --
北京 : 中国水利水电出版社,2021.1
ISBN 978-7-5170-9386-2

Ⅰ. ①粗… Ⅱ. ①郭… ②鲁… Ⅲ. ①粗粒土-力学
性质-研究 Ⅳ. ①S155.5

中国版本图书馆CIP数据核字(2021)第025284号

书 名	粗粒土颗粒破碎与本构模型 CULI TU KELI POSUI YU BENGOU MOXING
作 者	郭万里 鲁洋 著
出版发行	中国水利水电出版社 (北京市海淀区玉渊潭南路1号D座 100038) 网址:www. waterpub. com. cn E-mail:sales@waterpub. com. cn 电话:(010) 68367658(营销中心)
经 售	北京科水图书销售中心(零售) 电话:(010) 88383994、63202643、68545874 全国各地新华书店和相关出版物销售网点
排 版	中国水利水电出版社微机排版中心
印 刷	清淞永业(天津)印刷有限公司
规 格	184mm×260mm 16开本 10.75印张 262千字
版 次	2021年1月第1版 2021年1月第1次印刷
定 价	68.00元

凡购买我社图书,如有缺页、倒页、脱页的,本社营销中心负责调换

前　言

　　土体的本构模型是对土体应力变形性质的概括，主要用于计算预测实际工程中土体的应力变形，一直以来都是土力学的重要研究方向。现有的模型对于粗粒土应力的预测效果普遍较好，但是，对于变形的预测效果则差异较大。与黏土和普通砂土相比，粗粒土的颗粒具有易破碎的特点，颗粒破碎之后土体的级配和结构发生改变，从而显著影响了其变形性质。比如，随着海洋强国战略的实施，珊瑚砂岛礁的建设方兴未艾，其主要土料珊瑚砂是颗粒极易破碎的土体；随着筑坝技术的提高，土石坝的建造高度已突破 300m，由此带来的堆石料等筑坝材料的颗粒破碎效应更为显著。因此，研究粗粒土的颗粒破碎规律，提出考虑颗粒破碎影响的本构模型是理论拓展和工程实践的迫切需要。

　　本书共分 6 章，第 1 章主要总结了粗粒土的静力特性研究现状；第 2 章提出了一个描述土体级配的方程，实现了对土体级配的定量化描述，并系统地研究了该方程的性质及应用；第 3 章确定了合适的破碎指标，分析了破碎指标与级配参数、破碎指标与应力应变之间的关系，建立了完整的"应力应变→破碎指标→级配参数"的数学模型，并利用大量的颗粒破碎试验数据进行了验证；第 4 章是在所提出的颗粒破碎演化规律的基础上，提出了一种新的颗粒破碎耗能计算方法，使得计算得到的破碎能更为合理，并推导了一个考虑颗粒破碎影响的剪胀方程；第 5 章结合广义塑性理论及颗粒破碎剪胀方程，建立一个广义塑性本构模型，同时推导了一般应力状态下的刚度矩阵；第 6 章以珊瑚砂作为典型的颗粒易破碎材料，验证了级配方程、剪胀方程及本构模型的适用性。

　　本书选取作者所负责的中国博士后科学基金特别资助项目"珊瑚砂地基颗粒破碎及长期变形机理研究"（编号：2019T120443）的部分研究成果，并以作者此前的理论成果作为基础编撰而成。本书的出版得到了南京水利科学研究院出版基金的支持，图文的编写参阅了大量国内外同行的文献和著作并加以引用，尤其是本书的理论和模型需要同行大量的试验数据来验证。在此，谨致以衷心的感谢。

河海大学朱俊高教授对于本书的编写给予了极大的支持，其中，第 2 章的级配方程由朱俊高教授首次提出，在朱教授的悉心指导下，本书作者在此基础上开展了系列拓展研究。南京水利科学研究院李小梅，江苏科技大学侯贺营负责开展了珊瑚砂的试验研究并参与编写了第 6 章。全书由郭万里、鲁洋组织、修改并定稿。

粗粒土的颗粒破碎及本构模型问题，涉及粗粒土的基本性质及本构理论，本书的出版仅为抛砖引玉，希望更多的科研工作者参与到该项研究工作中来。由于作者水平有限，书中难免存在许多不足和疏漏之处，恳请各位读者不吝斧正。

作者

2020 年 8 月

于南京清凉山

主 要 符 号 说 明

σ_1、σ_2、σ_3 大、中、小主应力

ε_1、ε_2、ε_3 大、中、小主应变

p 平均正应力，$p = \dfrac{\sigma_1 + \sigma_2 + \sigma_3}{3}$

q 广义剪应力，$q = \dfrac{1}{\sqrt{2}}\sqrt{(\sigma_1 - \sigma_2)^2 + (\sigma_2 - \sigma_3)^2 + (\sigma_3 - \sigma_1)^2}$

ε_v 体积应变，$\varepsilon_v = \varepsilon_1 + \varepsilon_2 + \varepsilon_3$

ε_s 广义剪应变

ε_v^p、ε_s^p 塑性体积应变、塑性剪应变

η 应力比，$\eta = q/p$

d_g 剪胀比，$d_g = \mathrm{d}\varepsilon_v^p / \mathrm{d}\varepsilon_s^p$

λ、κ 等向压缩、卸载时 $e - \ln p$ 曲线的斜率

t_1、t_2 Slobby 指出的体变 ε_v 与 p 的关系为 $\varepsilon_v^e = t_1 \left(\dfrac{p}{p_a}\right)^{t_2}$，$t_1$ 和 t_2 为参数

K、n_d 弹性模型的参数，$E_i = K p_a (\sigma_3/p_a)^{n_d}$

j_1、j_2 试验参数，$M = \dfrac{\varepsilon_s}{j_1 + j_2 \varepsilon_s} + M_c - \dfrac{1}{j_2}$

b 中主应力系数，$b = \dfrac{\sigma_2 - \sigma_3}{\sigma_1 - \sigma_3}$

M_c 临界状态应力比

M_d 剪胀特征点对应的应力比，即剪胀应力比

M_f 峰值应力比

e、e_0 孔隙比，初始孔隙比

g、f 塑性势函数、屈服函数

β、A、C 本书剪胀方程的参数

D_r 相对密实度

m_1、m_2、m_3	本书剪胀方程参数 M_c、A、C 与 b 相关的参数
d、d_{max}	颗粒粒径、最大粒径
a、m	本书级配方程的两个参数，$P = \dfrac{1}{(1-a)\left(\dfrac{d_{max}}{d}\right)^m + a}$
T	广义级配方程的参数，$P = \dfrac{100-T}{(1-a)\left(\dfrac{d_{max}}{d}\right)^m + a} + T$
B_W	本书定义的破碎指标
B_g	Marsal 定义的破碎指标
S_0、S_1、S_2	初始级配曲线、试验后的级配曲线和极限级配曲线与最大粒径线 $d = d_{max}$ 所围成的面积
k	颗粒破碎演化模型的常数，设为 0.1%
A_1、C_1	三轴试样破坏时 B_W 与围压的相关参数，$B_W = A_1\,(\sigma_3/p_a)^{C_1}$
A_2、C_2	三轴试样破坏时 B_g 与围压的相关参数，$B_g = A_2\,(\sigma_3/p_a)^{C_2}$
α_1、α_2	三轴试验剪切过程中，B_W（B_g）与 p 和 ε_s 的相关参数 $B_W = \alpha_1[1 - \exp(-\beta\varepsilon_s)]/\ln(h_s/p)$
a_0、m_0	初始级配曲线的级配参数
$\boldsymbol{D}^{ep}$、$\boldsymbol{C}^{ep}$	弹塑性刚度矩阵、柔度矩阵
$\boldsymbol{D}^e$、$\boldsymbol{C}^e$	弹性刚度矩阵、柔度矩阵
$\boldsymbol{D}^p$、$\boldsymbol{C}^p$	塑性刚度矩阵、柔度矩阵
E、H	弹性模型、塑性模量
h	硬化参数
$\boldsymbol{n}_g$、$\boldsymbol{n}_f$	流动方向、加载张量
TY	椭圆-抛物线双屈服面模型的缩写

土 料 编 号 说 明

对剪胀方程和本构模型的适用性验证需要大量的试验数据，因此，仅仅依靠笔者自己所做的有限的试验数据是不够的。基于此，笔者在已发表的文献里汇总了 30 余组粗粒土的三轴试验数据，数据的编号是根据采集时间先后顺序而编制。最终，应用在本书中的数据约为 10 组，选择数据时的主要考虑因素包括：不同母岩、不同级配、不同初始孔隙比、不同围压、不同试验尺寸等。

由于数据较多，不便重新排序，因此，本书中所用到的土料编号与原始编号保持一致，土料编号、文献来源及土料基本参数对照表格如下。

表 I   **土料编号及其基本物理性质**

土料编号	文献来源	土料来源	制样干密度/(g/cm³)	相对密实度/%	孔隙比	试验围压/MPa	最大粒径/mm	试样尺寸/mm×mm
01 - 4	Huang S L	金坪子滑坡土石料	2.128	90		0.4、0.8、1.2、1.6	60	$\phi 300 \times H 600$
	Huang S，Ding X，Zhang Y，et al. Triaxial Test and Mechanical Analysis of Rock – Soil Aggregate Sampled from Natural Sliding Mass [J] . Advances in Materials Science & Engineering，2015，2015：1 – 14.							
05	傅华	新鲜花岗岩料	2.14			0.4、0.8、1.6、2.4	60	$\phi 300 \times H 700$
	傅华，陈生水，凌华，等. 高应力状态下堆石料工程特性试验研究 [J] . 水利学报，2014 (S2)：83 – 89.							
07 - 2	王占军	弱风化砂岩			0.22	0.8、1.2、2.0、3.0		
	王占军，陈生水，傅中志. 堆石料的剪胀特性与广义塑性本构模型 [J] . 岩土力学，2015 (7)：1931 – 1938.							
08 - 1	蔡正银	两河口堆石料		30	0.559	0.5、1.0、2.0	60	$\phi 300 \times H 700$
08 - 2	蔡正银	两河口堆石料		60	0.437	0.5、1.0、2.0	60	$\phi 300 \times H 700$
08 - 3	蔡正银	两河口堆石料		90	0.315	0.5、1.0、2.0	60	$\phi 300 \times H 700$
	蔡正银，丁树云，毕庆涛. 堆石料强度和变形特性数值模拟 [J] . 岩石力学与工程学报，2009，28 (7)：1327 – 1334.							

土料编号	文献来源	土料来源	制样干密度 /(g/cm³)	相对密实度/%	孔隙比	试验围压 /MPa	最大粒径 /mm	试样尺寸 /mm×mm
10-1	张兵	微弱风化凝灰岩	2.02		0.316	0.2、0.5、1.0、1.5	60	$\phi300 \times H600$
	张兵，高玉峰，毛金生，等．堆石料强度和变形性质的大型三轴试验及模型对比研究［J］．防灾减灾工程学报，2008，28（1）：122－126.							
13-1	秦红玉	宜兴抽水蓄能电站堆石料（掺10%泥岩）		95		0.3、0.6、0.9、1.2	60	$\phi300 \times H600$
13-2	秦红玉	（15%泥岩掺量）		95		0.3、0.6、0.9、1.2	60	$\phi300 \times H600$
	秦红玉，刘汉龙，高玉峰，等．粗粒料强度和变形的大型三轴试验研究［J］．岩土力学．2004，25（10）：1575－1580.							
14	Varadarajan	Purulia Dam, 堆石料	2.10	87		0.3、0.6、0.9、1.2	80	$\phi381 \times H813$
	Varadarajan A，Sharma K G，Abbas S M，et al. Constitutive Model for Rockfill Materials and Determination of Material Constants［J］. International Journal of Geomechanics，2006，6（4）：226－237.							
15	赵庆红	天生桥面板坝灰岩主堆石料	2.04	77		0.3、0.6、0.8、1.2	60	$\phi300 \times H655$
	赵红庆．粗粒料非线性解耦 K-G 模型及在天生桥面板坝有限元分析中的应用［D］．北京：清华大学，1996.							

目　录

第 1 章

粗粒土静力特性研究现状 ———

1.1 研究背景

粗粒土是粗颗粒含量大于 50％ 的块石、碎石等组成的无黏性混合料[1-2]，不仅分布广泛、取材方便，在工程性质等方面更是具有强度高、变形小、透水性强、地震作用下不易液化等优点[3-6]，因此常作为土石坝、机场、地基处理等工程的主要建筑材料[7-9]。

土体的本构模型是对土体应力变形性质的概括，主要用于计算预测实际工程中土体的应力变形分布规律，一直以来都是土力学的重要研究方向。总的来说，以三轴固结排水试验为例，现有的模型对于粗粒土偏应力的预测效果普遍较好[10-13]，但是，对于体变的预测效果则差异较大。其主要原因在于，经典的本构模型大多是基于黏土和砂土的性质而构建；与黏土和砂土相比[14-16]，粗粒土的颗粒具有易破碎的特点，颗粒破碎之后土体的级配和结构发生改变，从而显著影响了其变形性质[17-19]。随着筑坝技术的提高，土石坝的建造高度早已突破 300m，由此带来的颗粒破碎效应更为显著。因此，考虑颗粒破碎的粗粒土本构模型研究是工程实践的迫切需要[20-24]。

构建粗粒土本构模型的难点在于对其变形特性的描述[25-27]，而描述变形特性的难点在于颗粒破碎引发的剪胀性[28-31]。近年来，考虑粗粒土颗粒破碎的本构模型已经展开了大量的研究，但是，较多的本构模型只是在宏观整体上考虑颗粒破碎对应力变形的影响。如何在本构模型中反映粗粒土的颗粒破碎和应力变形的内在联系，从破碎耗能的角度出发是一个重要途径。比如，在 Rowe 最小能比原理中考虑破碎耗能[32-36]、在剑桥模型的屈服方程中考虑破碎耗能[37-38]、引入热力学原理[39-40]等。值得注意的是，无论通过哪种方法在本构模型中引入破碎耗能，对于如何正确合理地计算破碎耗能都是一个无法回避的问题。以 Rowe 剪胀方程为例，研究表明[33-36]Rowe 的剪胀理论假设堆积体变形的主要机制是刚性圆柱或圆球间的滑动，没有考虑颗粒破碎对变形的影响，对粗粒土的变形预测偏差较大。因此，Ueng 和 Chen[33]、Salim 和 Indraratna[34] 在 Rowe 剪胀方程的基础上引入了颗粒破碎耗能，使得其理论更为完善。此后，对于颗粒破碎耗能的计算[35-36]成了讨论的焦点：若沿用剑桥模型的假设，将颗粒摩擦系数 M 确定为临界状态应力比 M_c，则可能出现计算所得的颗粒破碎耗能随着破碎量的增大而减小甚至变为负数的情况；但是，由于颗粒破碎是不可逆的，因而颗粒破碎耗能是不可能减小或者为负数的。贾宇峰等[35]、米占宽等[36]都曾针对原有的摩擦系数 M_c 提出了经验性的折减方案，在一定程度上解决了这一矛盾，但是存在参数过多、规律适用性不强等缺陷。

从能量的角度分析，颗粒破碎发生的原因是颗粒吸收了足够的能量，即颗粒破碎耗能是"因"，发生颗粒破碎是"果"。因此，对于颗粒破碎耗能的研究应该建立在颗粒破碎演化规律的基础之上。追本溯源，要建立考虑颗粒破碎的本构模型，首先应该研究颗粒破碎的演化规律。目前，关于粗粒土颗粒破碎的试验研究有很多[41-45]，主要是针对三轴试样破坏时的这个"点"[46-49]。比如，张季如等[41]分析了破碎指标 B_r 与应力水平之间的关系，陈镠芬等[42]、蔡正银等[43]基于分形理论提出了颗粒破碎分形维数与围压之间的经验公式，但是这些规律无法推广到加载剪切的全过程，因此很难总结出颗粒破碎的演化规律。

基于以上分析，本书的工作将主要围绕着两大部分展开：一是通过试验总结粗粒土在剪切过程中的颗粒破碎演化规律；二是在颗粒破碎演化规律的基础上提出一种简单适用的破碎耗能计算方法，进而推导出考虑颗粒破碎耗能的剪胀方程，最终构建一个考虑颗粒破碎影响的弹塑性模型。

1.2　粗粒土典型力学特性

目前，关于粗粒土力学性质的试验研究已取得了丰硕的成果，但是较多的理论是在黏土和砂土的基础上进行的推广和扩展，适用性有限，比如在临界状态、缩尺效应等重要性质方面都尚未形成统一的认识。一方面，是粗粒土本身性质较为复杂，受到母岩性质、级配、密度、颗粒形状等多种因素的影响；另一方面，也是受到室内试验技术的限制。以堆石料为例，实际土石坝工程中的堆石料最大粒径超过 1200mm，而目前国内科研院所常用的三轴仪、直剪仪等仪器最大允许试验粒径为 60mm，试验所用土料与实际土料在粒径尺寸上的缩尺比例为 20 倍。降低缩尺比例，能够减小缩尺效应对颗粒破碎、剪胀特性、临界状态及强度变形特性等方面的影响，因此，目前针对粗粒土的室内试验设备的主要趋势是朝着大尺寸、高压力的方向发展，近年来已涌现出不少大型和超大型试验仪器。

实际上，粗粒土力学特性及室内测试技术这两者之间是相辅相成的，对粗粒土力学性质的不断探索促进了室内测试技术的发展，室内测试技术的发展又会加深甚至推翻此前对粗粒土力学性质的已有认识。基于此，本书总结了目前粗粒土研究方面的热点问题，并梳理了近年来国内涌现的大型、超大型试验仪器的主要功能及参数。

1.2.1　颗粒破碎

粗粒土在加载过程中会发生颗粒破碎，从而显著影响粗粒土的强度变形等性质。实际工程中，颗粒破碎严重则会引发大变形从而导致结构失稳。因此，粗粒土的颗粒破碎特性及其对土体力学性质的影响一直以来都是粗粒土的研究热点之一。

为了描述颗粒破碎现象、揭示颗粒破碎演化规律，前人针对特征粒径变化或级配曲线变化定义了各种破碎指标来表征颗粒破碎的程度，总的来说可以分为三类：第一类是基于特定粒径或特征指标的变化，比如 Lee 和 Farhoomand[50] 的破碎指标是针对破碎前后的粒径 d_{15} 的变化、Biarez 和 Hicher[51] 的破碎指标则是描述不均匀系数 C_u 的变化；第二类是基于粒组含量的变化，以 Marsal[52] 定义的 B_g 为代表；第三类是基于破碎势，以 Hardin[53] 定义的 B_r 和 Einav[39] 定义的 B_E 为代表。

尹振宇等[54]对破碎指标做了较为详细的归纳，此处不再赘述。

较多的研究则是集中在定义破碎指标，并寻找破碎指标与应力应变间的定量关系。目前，已有多个描述级配变化的颗粒破碎的量化指标，总的来说可以分为三类：第一类为特定粒径或特征指标，比如 Lee[50] 的破碎指标是针对破碎前后的粒径 d_{15} 的变化、Biarez 和 Hicher[51] 的破碎指标则是描述不均匀系数 C_u 的变化；第二类为粒组含量，以 Marsal[52] 定义的 B_g 为代表；第三类为破碎势，以 Hardin[53] 定义的 B_r 为代表，见表 1.1。

表 1.1 常　用　破　碎　指　标

作者	年份	对破碎指标的定义	范围	备　注
Lee[50]	1976	$B_{15}=d_{15i}/d_{15f}$	>1	d_{15} 表示百分比在 15% 时的颗粒粒径，下同；下标 i 和 f 分别表示初始级配曲线和发生颗粒破碎后的级配曲线，下同
Marsal[52]	1967	$R=\max\{P_{di}-P_{df}\}$	0~1	P_d 表示任意粒径在级配曲线上对应的百分比
Lade[55]	1996	$B_{10}=1-d_{10f}/d_{10i}$	0~1	
Biarez[51]	1997	$\Delta C_u=C_{uf}-C_{ui}$	>0	C_u 为不均匀系数，即 $C_u=d_{60}/d_{10}$
Nakata[56]	1999	$B_f=1-R_0/100$	0~1	R_0 为最小粒径 d_0 在 f 级配曲线对应的百分数
柏树田[48]	1997	$B_{60}=d_{60i}-d_{60f}$	>0	
Marsal[52]	1967	$B_g=\sum\Delta W_k$	0~1	W_k 为颗粒破碎前后某一粒组的百分含量变化的正值
Hardin[53]	1985	$B_r=B_t/B_p$	0~1	B_p 为破碎势，即级配曲线与 $d=0.074mm$ 围成的面积；B_t 为破碎量，试验前后破碎势的变化值
Einav[39]	2004	$B_E=\dfrac{S_1-S_0}{S_2-S_0}$	0~1	S_0 为初始级配曲线与最大粒径线所围成的面积；S_1 为破碎后的级配曲线与最大粒径线所围成的面积；S_2 为极限级配曲线与最大粒径线所围成的面积 其中，极限级配曲线由分形函数确定，即 $P=(d/d_{max})^{3-D}$，D 为分形维数

其中，Marsal[52] 定义的 B_g，Hardin[53] 定义的 B_r 和 Einav[39] 定义的 B_E 是目前应用最为广泛的三个破碎指标，其定义分别如图 1.1 所示。

目前，较多的研究是通过试验寻找破碎指标与应力应变间的定量关系。刘恩龙等[57] 对堆石料进行了的一系列常规三轴压缩试验及等向压缩试验，张季如等[41]、贾宇峰等[58] 总结了破碎指标与应力水平、剪应变之间的关系。Einav[39]、蔡正银等[72]、石修松等[59] 引入了分形理论来描述颗粒破碎所引起的分形维数的变化规律。

以上成果主要是根据三轴试样破坏时的颗粒破碎规律而总结，描述的是试样破坏时的这个"点"，而无法推广到整个连续加载剪切时的"过程"。剪切过程中颗粒破碎是如何演化的，目前研究还较少，Buddhima 等[60] 提出了破碎指标与临界状态应力及塑性剪应变的经验公式；贾宇峰等[58] 提出了剪切过程中破碎指标与剪应变的关系，郭万里和朱俊高[61-62] 提出了一个级配方程来定量表示土的级配分布，并在此基础上建立了数学模型，该模型可以预测三轴剪切全过程颗粒破碎和级配随着应力应变的演化规律，如图 1.2 所示。

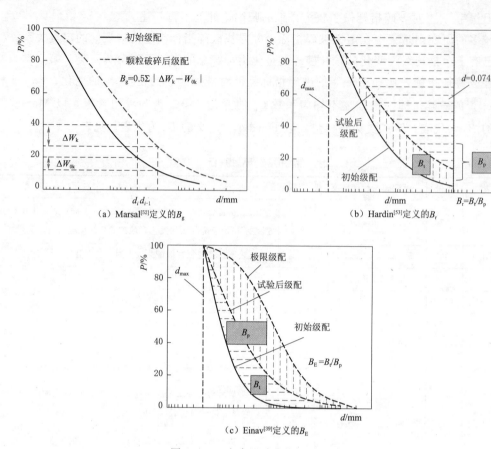

（a）Marsal[52]定义的B_g

（b）Hardin[53]定义的B_r

（c）Einav[39]定义的B_E

图 1.1　三个常用破碎指标示意图

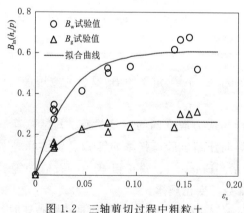

图 1.2　三轴剪切过程中粗粒土
破碎指标与应力应变的关系

如何在本构模型中反映颗粒破碎对应力变形的影响，从而提高本构模型的预测精度，也备受关注。早期的本构模型大多都只是在宏观上反映颗粒破碎对堆石料应力变形的影响，近年来，颗粒破碎对堆石料的强度、剪胀性、临界状态等性质的影响逐渐受到人们的重视[63]。孔宪京等[45]研究了不同孔隙比情况下堆石料在单调和循环荷载作用下颗粒破碎率与塑性功的关系，以及颗粒破碎率与剪胀率的关系。Wood 和 Maeda[64]、Xiao 等[65-66]、刘恩龙等[67]研究了颗粒破碎对堆石料临界状态的影响。米占宽等[36]、贾宇峰等[35]以及郭万里等[68-69]从破碎耗能的角度出发，提出了考虑颗粒破碎的剪胀方程及本构模型。

总体而言，与砂土相比，堆石料由于颗粒粒径较大，更易发生颗粒破碎，且颗粒破碎规律更为复杂。在本构模型中，考虑颗粒破碎的影响主要包括如下三个思路[54]：一是在经典弹塑性模型的基础上修正硬化准则和剪胀关系；二是基于损伤力学引入损伤因子；三是考虑颗粒破碎对于临界状态的影响。其中，考虑粗粒土颗粒破碎影响的临界状态本构模型，是目前研究的热点，将在1.2.2节中详细论述。

1.2.2 临界状态

砂土、堆石料等散粒材料的强度变形性质对孔隙比和应力状态具有显著的依赖性，传统的土体本构模型只能对某一制样密度（孔隙比）下的应力应变关系进行预测。换言之，同一种散粒材料如果初始孔隙比不同，则要确定不同的模型参数，这样实际上是把不同初始孔隙比的散粒体当成了不同的材料。显然，这样的模型没有将散粒体材料的本质规律包含进去。

土体的临界状态指的是三轴CD试验中，当剪应变 ε_s 持续变化时，有效正应力 p、偏应力 q、体变 ε_v 均不再发生变化。临界状态可以作为稳定参考状态，在此基础上通过当前状态与稳定状态的差异定义一个状态参量，然后将状态参量引入强度准则、剪胀方程、硬化规律，能够同时反映孔隙比和应力水平的影响，弥补了传统模型存在的缺陷。

关于粗粒土临界状态理论的研究主要集中为三个要素：临界状态应力比、临界状态方程和状态参量[65,70-72]。Jin 等[70]研究了三种临界状态方程和两种状态参量两两组合下某本构模型的适用性，认为临界状态线为 $e_c=e_\Gamma-\lambda(p/p_a)^\xi$ 且状态参量为 $\psi=(e/e_c)$ 时，基于临界状态的本构模型对散粒材料的适用性最优。但是，用来验证模型适用性的土体主要是砂土，颗粒破碎的影响并不突出。筑坝堆石料等粗粒土在高应力状态下显著的颗粒破碎效应对其力学性质影响较为复杂，临界状态表现出与砂土不一样的性质，因此对粗粒土临界状态的描述目前存在较大差异。

1.2.2.1 临界状态应力比 M_c

临界状态应力比 M_c 即土体在临界状态时剪应力 q 与平均正应力 p 之比，部分研究[35-36]认为堆石料的临界状态应力比与砂土性质相同，在 q-p 平面为线性关系，即 M_c 为定值。丁树云等[71]、Xiao 等[65]通过大应变条件下堆石料大型三轴试验结果，认为临界状态在 p-q 平面内具有非线性性质，即堆石料的临界状态应力比 M_c 并非定值，而是受围压的影响较为明显。比如，某砂砾石料的临界状态摩擦角 φ_c 与围压的关系如图1.3所示，武颖利[73]认为围压越大，$M_c(\varphi_c)$ 越小；初始孔隙比对于 M_c 的影响则可以忽略。M_c 与围压的关系可以用式（1.1）描述：

$$\varphi_c=\varphi_{c0}-\Delta\varphi_c\lg\left(\frac{\sigma_3}{p_a}\right),M_c=\frac{6\sin\varphi_c}{3-\sin\varphi_c}$$
(1.1)

式中：φ_c 为临界状态内摩擦角，φ_{c0} 和 $\Delta\varphi_c$ 为材料参数。

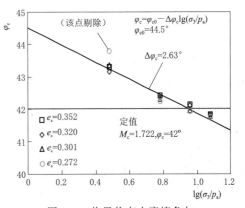

图1.3 临界状态内摩擦角与围压和孔隙比的关系

1.2.2.2　临界状态方程

临界状态方程是建立状态参量本构模型的基础，临界状态方程若不符合物理规律则此类本构模型的预测精度就无从谈起。对于堆石料的临界状态方程目前主要存在如下两大分歧点：

（1）临界状态方程的表达式。目前，常见的粗粒土临界状态方程主要包括如下几种形式：①在 $e-\ln p$ 平面为直线[74]，见式（1.2）。②在 $e-(p/p_a)^\xi$ 平面为直线[71-72,75]，见式（1.3）。③其他形式，比如：刘恩龙等[67]在 $e-\ln p$ 平面增加了一个破碎指数来修正颗粒破碎对堆石料描述临界状态的影响；Xiao 等[65]则在 $e-(p/p_a)^\xi$ 平面增加了初始孔隙比和颗粒破碎的影响因素。

$$e_c = e_\Gamma - \lambda \ln\left(\frac{p}{p_a}\right) \tag{1.2}$$

$$e_c = e_\Gamma - \lambda \left(\frac{p}{p_a}\right)^\xi \tag{1.3}$$

式中：e_c 为临界状态时的孔隙比；e_Γ 为临界状态线的截距；λ 为临界状态线的斜率；ξ 为材料参数（通常取值为 0.65～0.95）；p 为平均正应力；p_a 为大气压力。

（2）临界状态线的截距。目前，对于粗粒土，第②种形式，即式（1.3）所描述的临界状态方程逐渐为更多人所接受，但是对于其中的材料参数，特别是 $e-(p/p_a)^\xi$ 平面上的截距 e_Γ 是否与初始孔隙比有关，依然存在较大分歧。

蔡正银等[72]、Xiao 等[65]认为 e_Γ 与初始孔隙比 e_0 相关，在 $e-(p/p_a)^\xi$ 平面内临界状态线的斜率 λ 基本相等，而截距 e_Γ 与初始孔隙比 e_0（相对密度 D_r）相关，且经过进一步研究认为 e_Γ 与 e_0 成正线性关系。

丁树云等[71]、武颖利等[73]则认为 e_Γ 基本为一个常数，如图 1.4 所示，不同初始孔隙比 e_0、不同围压的试样，$e-(p/p_a)^\xi$ 平面内趋向于同一条临界状态线。

1.2.2.3　状态参量

最后，关于堆石料状态参量的定义，除了常见的基于孔隙比的差值 $\psi_1 = e - e_c$ 或比值 $\psi_2 = e/e_c$ 的形式之外[70,76]，还出现了应力比的形式 $\psi_3 = p/p_c$[77]，以及孔隙比和应力比的组合形式 $\psi_4 = ep/(e_c p_c)$[78]。以目前最常用的差值和比值形式为例，如图 1.5 所示，在 $e-(p/p_a)^\xi$ 平面内 $\psi_1 < 0$ 或 $\psi_2 < 1$ 表示当前孔隙比小于临界孔隙比，则土体处于密实状态；反之，$\psi_1 > 0$ 或 $\psi_2 > 1$ 表示土体处于疏松状态；$\psi_1 = 0$ 或 $\psi_2 = 1$ 表示土体处于临界状态。

综上所述，粗粒土的临界状态受到颗粒破碎的显著影响，而颗粒破碎与母岩性质、应力状态、初始级配、初始孔隙比等因素有关，这些因素的差异是否是导致不同研究人员对临界状态应力比、临界状态方程和状态参量提出不同表述的原因？目前的研究还远不充分。此外，母岩性质影响颗粒易破碎的程度，是否是对不同研究人员对粗粒土临界状态提出不同方程的原因，目前尚未进行系统的对比研究。

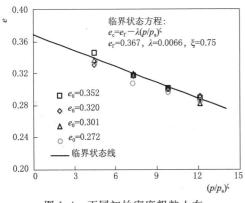

图 1.4 不同初始密度粗粒土在
$e-(p/p_a)^\xi$ 平面的临界状态线[73]

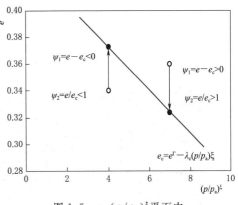

图 1.5 $e-(p/p_a)^\xi$ 平面内
差值和比值形式状态参量

粗粒土中较为特殊的一类是珊瑚礁砂砾石，由于特殊的生物成因，内部结构疏松并含有大量孔隙，其崩解破碎后的颗粒具有强度低、形状极不规则、易折断和易破碎的特点，使得珊瑚礁砂砾石填料具有不同于常规砂砾石填料的特殊力学特性。在相同的应力状态下，相同粒径、相同级配的珊瑚礁砂砾料颗粒破碎明显高于普通堆石料、砂砾料等，因此，研究珊瑚礁砂砾料的临界状态及颗粒破碎的影响，对于丰富和完善粗粒土临界状态理论有着极大的理论意义。相关试验验证和物理规律总结工作仍然需要进一步深入。

1.2.3 流变特性

通过分析多座已建面板坝的监测资料，发现堆石料的流变现象均比较明显，蓄水后 3 年左右的时间坝体变形才完成总变形量的 80%。一些面板堆石坝建成之后，后期变形明显，甚至引起混凝土面板开裂，严重影响到坝体安全，因此对堆石料的流变特性开展研究是非常必要的。

虽然堆石料流变对于坝体长期变形的影响较大，但是国内外对堆石料流变特性的研究时间较短且不充分。Parkin[79]于 1985 年利用固结仪对堆石料进行了流变试验研究，国内典型的堆石料三轴蠕变试验则是始于 1991 年沈珠江院士[80]。此后，关于堆石料流变特性的试验研究集中在揭示流变量与时间、应力状态等因素的关系，比如程展林等[81]、王海俊等[82]、殷宗泽等[83]利用三轴流变试验、单轴流变试验总结了一些流变量与时间的经验公式。关于堆石料流变特性的理论模型研究，则是在弹塑性模量、黏弹塑性模型的基础上引入时间效应，用来预测流变量，比如姚仰平等[84]、Mcdowell 等[85]、王占军等[86]、Silvani 等[87]、Kong 等[88]都提出了堆石料的流变模型。

事实上，堆石料流变特性与颗粒破碎密切相关：颗粒破碎越显著，则堆石料表现出更大的流变量及更长的流变时间。细粒土体的流变机理是由于土体在主固结完成后，土体中仍然存在微小的超静孔隙压力，驱使水在颗粒之间流动而形成流变。而堆石料则不然，堆石料颗粒粗、孔隙大、排水自由，不存在次固结现象，因此，堆石料流变实际上是堆石系统内部散体颗粒破碎、滑移、充填的不断循环并趋于平衡的调整过程。Chen 等[89]认为破碎的颗粒滑移、充填孔隙是堆石料发生流变的重要原因，颗粒破碎引起堆石料级配的改变，从而引起后期变形。王振兴等[90]利用单轴流变试验研究表明破碎率与最终流变量之间存在线性函数关系，破碎率与轴压之间存在幂函数关系。姜景山等[91]利用 CT 三轴流变试验观察了粗粒土流变过程中的颗粒错动、转动甚至产生颗粒破碎的过程，如图 1.6 所示。

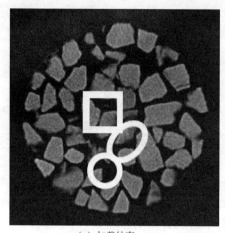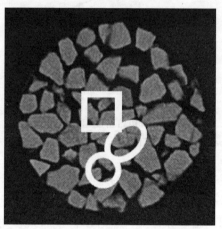

（a）加载结束　　　　　　　　　　　　（b）流变148h

图 1.6　粗粒土流变过程中的颗粒运动[91]

由此可见，颗粒破碎对堆石料的流变过程有非常大的影响，现有研究重点关注了堆石料的流变变形，但是没有量化研究颗粒破碎与流变的关系。

1.2.4　剪胀特性

由剪切引起的土体体积变化的特征通常被称为剪胀，剪缩是负的剪胀。剪胀性是土体的基本力学特征，也被认为是土体区别于其他材料的本质特征。

弹塑性理论假定主应力轴与塑性应变增量方向一致，即设 p 轴与 $\mathrm{d}\epsilon_{\mathrm{v}}^{\mathrm{p}}$ 轴重合，q 轴与 $\mathrm{d}\epsilon_{\mathrm{s}}^{\mathrm{p}}$ 轴重合。考虑塑性应变增量方向与塑性势面正交，因此流动法则也叫正交法则，满足如下关系：

$$\frac{\mathrm{d}p}{\mathrm{d}q}\frac{\mathrm{d}\epsilon_{\mathrm{v}}^{\mathrm{p}}}{\mathrm{d}\epsilon_{\mathrm{s}}^{\mathrm{p}}}=-1 \tag{1.4}$$

式中：p 为平均正应力；q 为剪应力；$\mathrm{d}\epsilon_{\mathrm{v}}^{\mathrm{p}}$ 为塑性体变增量；$\mathrm{d}\epsilon_{\mathrm{s}}^{\mathrm{p}}$ 为塑性剪应变增量。

塑性应变增量方向与塑性势面正交，因而确定塑性应变增量方向可以通过塑性势面来反映，而塑性势面可以用塑性势函数 g 来描述。确定塑性势函数 g 最重要的环节是建立合适的剪胀方程，剪胀方程表示的是塑性应变增量比与应力比 $\eta=q/p$ 之间的关系，可以用通用函数表示为

$$d_{\mathrm{g}}=\frac{\mathrm{d}\epsilon_{\mathrm{v}}^{\mathrm{p}}}{\mathrm{d}\epsilon_{\mathrm{s}}^{\mathrm{p}}}=f(p,q) \tag{1.5}$$

式中：$d_{\mathrm{g}}=\mathrm{d}\epsilon_{\mathrm{v}}^{\mathrm{p}}/\mathrm{d}\epsilon_{\mathrm{s}}^{\mathrm{p}}$ 为塑性应变增量比，又称剪胀比。

联立式（1.4）和式（1.5）求解常微分方程即可得到塑性势函数。式（1.5）表示的

是塑性应变增量比 d_g 与应力比 η 的关系。可见，在弹塑性理论中，用来描述土体剪胀性的方程又被称为剪胀方程，其适用性在很大程度上决定了本构模型的质量。

近年来针对粗粒土的剪胀特性及剪胀方程已展开了大量的研究，其中，影响及应用最广泛的是 Rowe 剪胀方程和剑桥模型剪胀方程的改进式[20,33,92]。研究表明 Rowe 的剪胀理论假设堆积体变形的主要机制是刚性圆柱或圆球间的滑动，且没有考虑颗粒组咬合结构的崩塌失稳变形可显著地削弱土体的剪胀[22]，此外，对于粗粒土，颗粒的破碎、转动和重新排列都可能是变形的主要组成部分，则 Rowe 剪胀方程会过大估计粗粒土的剪胀变形。剑桥模型的剪胀方程主要反映土体的剪缩，因而难以直接应用于粗粒土的建模之中。由于上述两种剪胀方程形式简单、理论完备，因此不少学者都曾在此基础上进行改进，使得剪胀方程对粗粒土的适用性显著提高。

实际上，粗粒土的应力变形特性受到初始孔隙比 e_0 和围压的显著影响，剪胀特性表现出两种典型状态。一般而言，当围压 σ_3 越小、越密实的粗粒土（e_0 较小）表现为应变软化，剪胀特性表现为先剪缩后剪胀。而围压 σ_3 越高、越疏松的粗粒土（e_0 较小）表现为应变硬化，剪胀特性表现为剪缩。

一个适用性良好的剪胀方程，应该至少满足以下两个方面的要求：①对剪胀特征点的判断准确；②对 d_g - η 的数值预测合理。

所谓剪胀特征点，就是在三轴试验过程中体变 ε_v 由剪缩变为剪胀的相变点，如图 1.7（a）所示，剪胀特征点对应的应力比则称为剪胀应力比，用 M_d 表示。M_d 还可以直接在 d_g - η 曲线上获取，即 d_g = 0 时所对应的应力比 η 的值，如图 1.7（b）所示。剪胀方程对于剪胀特征点的判断，直接影响到本构模型对于体变剪缩或是剪胀的预测，其重要性不言而喻。若体变存在剪胀，体变曲线可以分为两部分：当 d_g > 0 时，体变表现为剪缩；d_g < 0 时，体变表现为剪胀。如图 1.7 中围压 500kPa 的曲线所示，体变存在剪胀，此时的剪胀应力比 M_d 小于峰值应力比 M_f。若体变不存在剪胀，则剪胀比 d_g 都大于 0，体变 ε_v 持续减小，如图 1.7（a）中围压 2500kPa 的体变曲线所示，不存在相变点。但是利用方程来描述 d_g - η 关系时，依然可以认为 d_g - η 曲线与 d_g = 0 时的交点为其剪胀比 M_d，将 d_g - η 曲线人为地延长即可实现，此时的剪胀应力比 M_d 大于峰值应力比 M_f。

所谓合理地预测 d_g - η 的数值，就是剪胀方程预测值在 d_g - η 平面内与试验值尽量接近。以著名的剑桥模型剪胀方程和 Rowe 剪胀方程为例，其中剑桥模型剪胀方程为

$$d_g = M_c - \eta \tag{1.6}$$

式中：d_g 为塑性应变增量比，即 $d\varepsilon_v^p / d\varepsilon_s^p$；$M_c$ 为临界状态应力比；η 为应力比。

Rowe 系统地研究了颗粒材料的变形机理，提出了"最小能比原理"，并推导出了著名的 Rowe 剪胀方程，表示成塑性应变增量比 $d\varepsilon_v^p / d\varepsilon_s^p$ 的形式为

$$d_g = \frac{9(M_c - \eta)}{9 + 3M_c - 2\eta M_c} \tag{1.7}$$

以某堆石料（引自蔡正银等[93]）为例，相对密实度 D_r = 0.9，初始孔隙比 e_0 = 0.337，其三轴 CD 试验的应力应变曲线如图 1.8（a）所示，当低围压 500kPa 时，其体变表现为先剪缩后剪胀；高围压 2000kPa 时，体变量持续增大，表现为剪缩。将剪胀比近似为 $d_g = d\varepsilon_v^p / d\varepsilon_s^p = d\varepsilon_v / d\varepsilon_s$，根据三轴 CD 试验结果绘制成了剪胀比-应变比曲线，如图 1.8

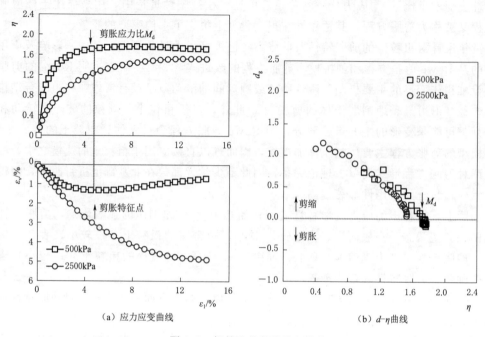

图 1.7 粗粒土的剪胀特征点

(b) 所示。高围压 2000kPa 时，d_g 一直大于 0，表现为剪缩；低围压 500kPa 时，d_g 先大于 0 后小于 0，表现为剪胀。同时，剑桥和 Rowe 剪胀方程对于不同围压下的 d_g - η 曲线都是用同一条曲线进行描述的：如图 1.8 (b) 所示，一方面，预测数值与试验值相差较大；另一方面，不同围压的试样 $d_g = 0$ 时对应的应力比都为 M_c，即对于剪胀特征点的预测值都为定值 M_c，显然对于剪胀特征点的判断也与实际不符。

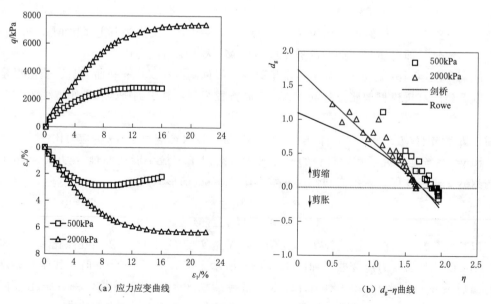

图 1.8 粗粒土 08-3 的应力应变曲线及 d_g - η 曲线（引自蔡正银等[93]）

由图 1.7 和图 1.8 中的两个例子可以发现，相同的粗粒土在不同的围压下所表现出的剪胀和剪缩性质并不相同。事实上，大量的试验表明[94-96]，在三轴试验中粗粒土的剪胀性不仅受到围压的影响，还受到初始孔隙比的显著影响，具体表现为：在初始孔隙比较小或围压较低时表现为先剪缩后剪胀，在初始孔隙比较大或围压较高时表现为一直剪缩。比如，图 1.7 和图 1.8 中的两种粗粒土都是呈现出低围压剪胀而高围压持续剪缩的规律。进一步地，由图 1.7 和图 1.8 可见，剪胀应力比 M_d 与围压相关，围压越大，M_d 越小；同时，不同围压下的 $d_g - \eta$ 曲线并不重合，且差别较为明显。

继续以另一种堆石料为例（引自方智荣[97]），试验围压相同，分别为 200kPa、500kPa、800kPa 和 1200kPa，密度分别为 2.17g/cm³ 和 2.40g/cm³，孔隙比为 0.290 和 0.167，其剪胀比-应力比试验值如图 1.9 所示。

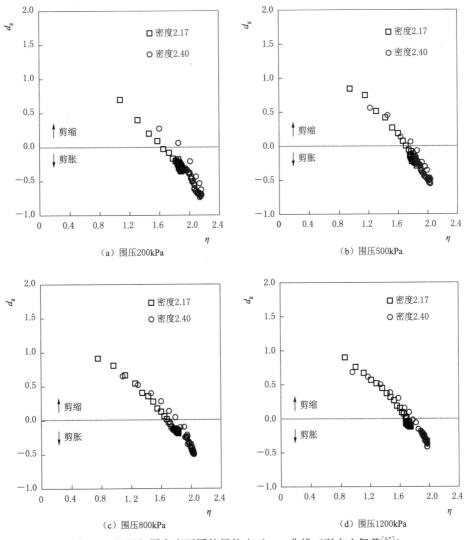

图 1.9 围压相同密度不同的粗粒土 $d_g - \eta$ 曲线（引自方智荣[97]）

由图 1.9 可见，初始孔隙比（密度）对于剪胀性在两个方面都有影响：围压相同时，

剪胀应力比 M_d 与初始孔隙比 e_0 相关，即密度越大、e_0 越小，M_d 越大；不同初始孔隙比的试样对应的 $d_g - \eta$ 曲线并不重合，且密度越大、e_0 越小，d_g 越小，剪胀性越显著。

综上所述，围压和初始孔隙比对于粗粒土的剪胀性都有显著的影响，围压越小、初始孔隙比越小，则剪胀应力比 M_d 越大，剪胀性越显著；围压越大、初始孔隙比越大，则剪胀性越弱，甚至不存在剪胀，表现为持续剪缩。进一步地，根据临界状态理论，对于同一种土料，不同初始孔隙比、不同围压的三轴试样，其临界状态应力比 M_c 可认为是相同的[35-36]，而剑桥和 Rowe 剪胀方程都是关于临界状态应力比 M_c 的函数，因此，对于不同的初始孔隙比、不同围压的试验实际上是用同一条曲线来描述 $d_g - \eta$，对于 d_g 的数值和剪胀应力比 M_d 的预测明显与试验结果不符。

剑桥和 Rowe 剪胀方程的对于粗粒土的显著缺陷之一是对于剪胀应力比 M_d 的预测都是定值 M_c，而实际上 M_d 是与围压和初始孔隙比有关的。因此，对于剑桥和 Rowe 剪胀方程最常见的一种改进方法是将临界应力状态比 M_c 换为剪胀应力比 M_d，则 $d_g = 0$ 时对应的应力比即是剪胀应力比 M_d。对于此类改进方法，已经发展出了多种变式，下面就其中几个较为常见的改进形式进行小结与分析，见表 1.2。

表 1.2　粗粒土常用剪胀方程

文献出处	剪 胀 方 程	参 数 说 明
Rowe 改进：徐舜华等[98]	$\dfrac{\mathrm{d}\varepsilon_v^p}{\mathrm{d}\varepsilon_s^p} = \dfrac{9\,(M_d - \eta)}{9 + 3M_d - 2\eta M_d}$	$M_d = M_c + k\psi_1$，k 为材料参数，ψ_1 为状态参量
Rowe 改进：张丙印等[7]	$\dfrac{\mathrm{d}\varepsilon_v^p}{\mathrm{d}\varepsilon_1^p} = 1 - \left(\dfrac{R}{R_u}\right)^{z_b}$，$R_u = \dfrac{1 + \sin\varphi_{cv}}{1 - \sin\varphi_{cv}}$，$R = \dfrac{\sigma_1}{\sigma_3}$	Z_b 为拟合系数，φ_{cv} 为常体积变形时的极限摩擦角
Rowe 改进：Ueng 和 Chen[33]	$\dfrac{\sigma_1}{\sigma_3} = \left(1 + \dfrac{\mathrm{d}\varepsilon_v}{\mathrm{d}\varepsilon_1}\right)\tan^2\left(45° + \dfrac{\varphi_f}{2}\right) + \dfrac{\mathrm{d}E_B}{\sigma_3\mathrm{d}\varepsilon_1}\,(1 + \sin\varphi_f)$	dE_B 为单位体积颗粒破碎耗能
剑桥改进：陈生水等[4]	$\dfrac{\mathrm{d}\varepsilon_v^p}{\mathrm{d}\varepsilon_s^p} = M_d - \eta$	
修正剑桥：姚仰平等[99]	$\dfrac{\mathrm{d}\varepsilon_v^p}{\mathrm{d}\varepsilon_s^p} = \dfrac{M_d^2 - \eta^2}{2\eta}$	
Lagioia 等[100]	$\dfrac{\mathrm{d}\varepsilon_v^p}{\mathrm{d}\varepsilon_s^p} = l_1\left(1 + l_2\dfrac{M_d}{\eta}\right)(M_d - \eta)$	l_1 和 l_2 为拟合参数
Wheeler 等[13]	$\dfrac{\mathrm{d}\varepsilon_v^p}{\mathrm{d}\varepsilon_s^p} = \dfrac{M^2 - \eta^2}{2\,(\eta - \alpha_w)}$	α_w 为主应力轴旋转角参数
Li 和 Dafalias[25]	$\dfrac{\mathrm{d}\varepsilon_v^p}{\mathrm{d}\varepsilon_s^p} = L_d\,(M_d - \eta)$	L_d 为材料参数，$M_d = M_c\exp(m_d\psi)$
刘萌成等[101]	$\dfrac{\mathrm{d}\varepsilon_v^p}{\mathrm{d}\varepsilon_s^p} = L_0\left[\exp(n_1\psi_2) - \left(\dfrac{\eta}{M}\right)^{n_2}\right]$	L_0，n_1 和 n_2 为材料参数，ψ_2 为状态参数
Liu 等[26]	$\dfrac{\mathrm{d}\varepsilon_v^p}{\mathrm{d}\varepsilon_s^p} = r_d\alpha_d\left(M_d\sqrt{\dfrac{\rho_{max}}{\rho}} - \eta\right)\exp\left(\dfrac{c_0}{\eta}\right)$	r_d，α_d 为材料参数，ρ_{max} 为最大干密度，ρ 为密度，$c_0 = 0.01$
王占军等[102]	$\dfrac{\mathrm{d}\varepsilon_v^p}{\mathrm{d}\varepsilon_s^p} = \left[1 - \left(\dfrac{\eta}{M_d}\right)^w\right]\exp\left(\dfrac{c_0}{\eta}\right)$	w 为拟合参数，$c_0 = 0.01$

由表 1.2 中的各类剪胀方程可知，方程内基本都含有因式 $(M_d - \eta)$ 或 $(M_d^2 - \eta^2)$，当应力比为剪胀应力比 M_d 时，对应的剪胀比 $d_g = 0$，因此，此类剪胀方程对于剪胀特征点的判断是无误的。

应变软化的土料在加载剪切过程中会出现三个显著的阶段。以某砂卵砾石料为例，$\sigma_3 = 900 \text{kPa}$，$e_0 = 0.302$ 时的应力应变呈应变软化型，如图 1.10 所示，三个阶段分别为：

第一阶段，开始剪切至剪胀特征点。如图 1.10（a）所示，开始剪切至轴向应变 ε_a 为 4.3% 时，体变由剪缩变为剪胀，对应的特征点称为 D 点。

第二阶段，剪胀特征点至应力峰值点。如图 1.10（a）所示，轴向应变 ε_a 从 4.3% 至 7.8% 时，剪应力 q 上升至峰值，此后 q 开始逐渐减小，对应的应力峰值点称为 P 点。

第三阶段，应力峰值点至临界状态。如图 1.10（a）所示，由应力峰值点 $\varepsilon_a = 7.8\%$ 持续加载至 $\varepsilon_a = 22\%$ 时，试样达到临界状态，q 和 ε_v 都趋向于定值，对应的特征点称为 C 点。

D、P 和 C 点 η-ε_a 曲线上对应的应力比为三个特征应力比，分别为剪胀应力比 M_d，峰值应力比 M_p 和临界状态应力比 M_c，如图 1.10（a）所示。D、P 和 C 点在 d_g-η 曲线呈现出两个显著特征：①D 点为剪胀点，对应的体变增量 $d\varepsilon_v = 0$，则剪胀比 $d_g = 0$；②C 点为临界状态点，根据临界状态的定义，此时 $d\varepsilon_v = 0$，则剪胀比 $d_g = 0$，如图 1.10（b）所示。D、P 和 C 三个特征点的应力比和剪胀比见表 1.3。

表 1.3   三个特征点对应的应力比和剪胀比

特征点	剪胀点 D	峰值点 P	临界状态点 C
应力比 η	M_d	M_p	M_c
剪胀比 d_g	0	—	0

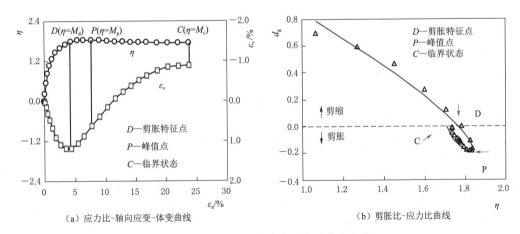

（a）应力比-轴向应变-体变曲线   （b）剪胀比-应力比曲线

图 1.10   软化型土体应力应变及剪胀曲线

由图 1.10 可见，应变软化型的土料在加载剪切过程中表现出的剪胀特性相对较为简单，即 D、P 和 C 这三个特征点在应变软化型的应力应变曲线和 d_g-η 曲线上都具有显著特征，且三点差异明显。但是，对于应变硬化型的土体，这三点重合。以某堆石料为例，$\sigma_3 = 2000 \text{kPa}$，$e_0 = 0.559$ 时呈应变硬化型，如图 1.11（a）所示。由于不存在应力峰值点，当土体达到临界状态时，剪应力最大，此时可以认为峰值点 P 与临界状态点 C 是重合的；对于体变而言，体变持续剪缩，当达到临界状态时，$\mathrm{d}\varepsilon_v = 0$，$d_g = 0$，从剪胀点 D 的定义上讲，C 点又可以看作是剪胀点 D，如图 1.11（b）所示。因此，可以认为 D、P 和 C 三点实际上是重合的。

根据临界状态理论，不管是软化型还是硬化型曲线，最终都会达到临界状态，因此，一个适用性良好的剪胀方程，应该对开始剪切至达到临界状态这一全过程的剪胀性都能合理描述，至少满足以下两个方面的要求：①对 D 和 C 这两个特征点的 d_g 预测值为 0；②当 η 不等于三个特征应力比时，对 d_g 的数值预测合理。

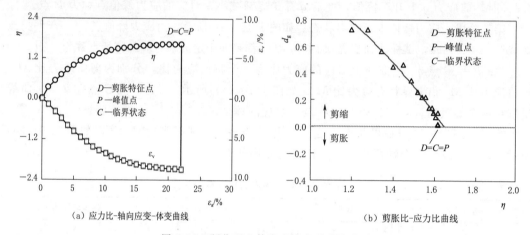

（a）应力比-轴向应变-体变曲线   （b）剪胀比-应力比曲线

图 1.11   硬化型土体应力应变及剪胀曲线

目前常见的剪胀方程，大多包含因式（$M_c - \eta$）或因式（$M_d - \eta$），分别以最简单的方程形式为例，如式（1.8）和式（1.9）所示。

$$d_g = d_0 (M_c - \eta) \tag{1.8}$$

$$d_g = d_0 (M_d - \eta) \tag{1.9}$$

式中：d_0 为材料参数。

分别用式（1.8）和式（1.9）预测图 1.11 中应变软化型堆石料的 $d_g - \eta$ 曲线，如图 1.12 所示。首先，η 不等于三个特征应力比时，式（1.8）和式（1.9）对 d_g 的数值预测值在大部分范围内都较为合理。但是，式（1.8）和式（1.9）的缺陷在于对特征点及特征点附近 d_g 的预测与实际不符。图 1.12（a）中，式（1.8）对剪胀点 D 点的 d_g 预测值不为 0，原因在于 D 点时 $\eta = M_d$，而 $M_c - M_d \neq 0$，因此式（1.8）预测的 $d_g \neq 0$；图 1.12（b）中，式（1.9）对临界状态 C 点的 d_g 预测值不为 0，原因在于 C 点时 $\eta = M_c$，而 $M_d - M_c \neq 0$，因此式（1.9）预测的 $d_g \neq 0$。

此外，由图 1.12 可见，式（1.8）和式（1.9）不仅对特征点 D 或 C 点处的 d_g 预测不为 0，对于特征点附近的 d_g 预测也不准确。因此，这两类含有因式（$M_c - \eta$）或因式（$M_d - \eta$）的剪胀方程，对应变硬化型的土体适用性较好，对应变软化型土体的适用性则会打折扣。值得一提的是，这两类剪胀方程目前依然应用广泛，主要原因在于此类剪胀方程形式简单，且参数较少。

实际上，若将式（1.8）和式（1.9）中的 M_c 或 M_d 换为用临界状态参量来表示，可以改进此类剪胀方程的不足，比如：

$$d_g = d_0 [M_c \exp(m\psi) - \eta] \tag{1.10}$$

式中：$\psi = (e - e_c)$；m 和 d_0 为材料参数。

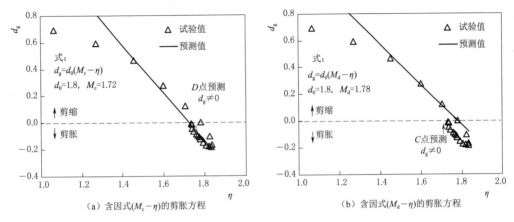

（a）含因式 $(M_c - \eta)$ 的剪胀方程　　　　　（b）含因式 $(M_d - \eta)$ 的剪胀方程

图 1.12　常见剪胀方程适用性验证

式（1.10）中的参数 m 根据 M_d 确定，能够保证 $\eta = M_d$ 时，$M_c \exp(m\psi) = M_d$，代入式（1.10）则 $d_g = 0$；根据临界状态的性质，当土体达到临界状态时，$\psi = e - e_0 = 0$，则 $M_c \exp(m\psi) = M_c$，代入式（1.10）则 $d_g = 0$，如图 1.13 所示。因此，此类剪胀方程能够对特征点和非特征点的合理预测，同时适用于应变硬化和应变软化型土体。

总的来说，利用状态参量来描述土体的剪胀性，其优势在于能够同时考虑粗粒土的密实度和应力状态的影响，且能够合理预测

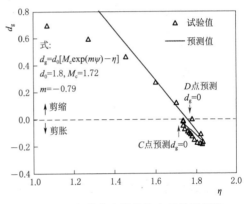

图 1.13　含状态参量剪胀方程的适用性

特征点的剪胀特性。因此，基于状态参量的剪胀方程，核心问题并不在于剪胀方程本身的表达式，而是回到 1.2.2 节中讨论的如何确定考虑颗粒破碎影响的粗粒土临界状态方程。

1.2.5　缩尺效应

对堆石料强度变形和颗粒破碎规律的研究通常是基于室内试验，而室内试验的重要缺陷在于缩尺效应。目前，国内多家科研单位大型三轴试验所允许的最大粒径一般为 60mm，而土石坝中使用的堆石料，最大粒径一般为 600～800mm，在水布垭、洪家渡、三板溪等工程中堆石最大粒径达到了 1200mm，因此室内试验必然要对堆石料的现场级配进行缩尺。试验表明，粒径对于堆石料的强度变形特性和颗粒破碎规律都有显著影响，其中，关于颗粒破碎规律定性的认识是粒径越大则颗粒破碎率越大，由此可以推算原位堆石料的颗粒破碎率大于室内试验。可见，堆石料的室内试验并不能完全反映原状土的性质。

因此，堆石料的强度变形特性、颗粒破碎和粒径之间的量化关系，必须设法研究。

一直以来，堆石料力学性质的研究及本构模型参数的确定主要是依赖于室内试验，因此，缩尺效应对于堆石料强度变形性质以及颗粒破碎的影响也受到了研究者的重视。其中，缩尺效应对于堆石料强度及变形的影响研究较多，比如朱俊高等[103]、凌华等[104]对缩尺效应引起的密度、强度、变形等性质进行了试验研究和理论分析，凌华等[104]指出，同等应力条件下颗粒破碎率随最大粒径增大而增大。Varadarajan 等[105]、Gupta[106] 利用三轴试验研究了堆石料的颗粒破碎规律与围压和粒径之间的关系。

郭万里等[107]从理论上推导了规范建议的四种缩尺方法之间的内在联系，并提出了系统地、定量地研究缩尺方法的设想：比如，研究黏聚力 c、内摩擦角 φ、压实密度 ρ_{d}、渗透系数等物理力学参数随级配参数 $d_{\max}$、b、m 和 C 变化的定量关系，可表示成 $c = f_c(d_{\max}, b, m, C)$、$\varphi = f_{\varphi}(d_{\max}, b, m, C)$ 等形式，根据该定量关系可直接确定 c 和 φ 值因为级配缩尺而产生的变化量。在此思想指导下，吴二鲁等[3]提出了粗粒土压实密度 ρ_{d}

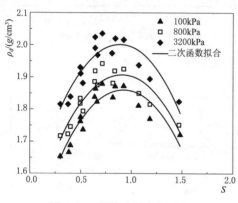

图 1.14 粗粒土压实密度与
级配曲线面积的关系

与级配曲线面积（表示为级配参数 b 和 m）之间的二次函数关系，如图 1.14 所示，并进一步提出了 ρ_{d} 与粒径和级配参数之间的定量关系表达式。

总体而言，人们逐渐对缩尺效应与强度特性、变形特性、剪胀特性、颗粒破碎等方面的影响有了定性的认识，但是此前限于仪器尺寸的影响，室内试验所能研究的粒径大小有限，对缩尺效应的认识并不深刻。随着室内测试技术的发展，各种大型及超大型仪器投入使用，系统、定量地揭示缩尺效应的影响成为可能。

1.3 粗粒土的本构模型研究进展

现有的两大类本构模型为线弹性模型和弹塑性模型，其中，经典的线弹性模型以邓肯-张模型[108]、K-G 模型[109]为代表，在土石坝工程中得到了广泛的应用，但是模型无法描述土体的剪胀性。因此，针对这类模型的研究，主要是在描述粗粒土剪胀性方面进行改进。另一类模型是弹塑性模型，以剑桥模型[49,110]、P-Z 广义塑性模型[111-113]为代表，构建合适的剪胀方程则成为模型成功的关键。可见，不管是线弹性模型和弹塑性模型，对于粗粒土剪胀性的描述，都是本构模型的重点和难点。

1.3.1 非线性模型

1.3.1.1 邓肯-张模型及其剪胀性改进

邓肯-张模型是 E-ν 模型的一种，以弹性模量 E 和泊松比 ν 为基本参数，广义胡克定律可以表示为

$$\{d\sigma\} = \boldsymbol{D}^{et}\{d\varepsilon\} \tag{1.11}$$

获取土样基本参数的试验是常规三轴固结排水试验，根据垂直方向应力-应变（$\sigma_1 - \sigma_3$）-ε_1关系曲线确定弹性参数E_t，根据垂直方向应变与水平方向应变ε_1-ε_3关系曲线确定切线泊松比ν_t。得到E_t的表达式为

$$E_t = (1 - R_f s)^2 K p_a \left(\frac{\sigma_3}{p_a}\right)^n \tag{1.12}$$

ν_t的表达式为

$$\nu_t = \frac{G - F \lg \dfrac{\sigma_3}{p_a}}{(1 - \Lambda)^2} \tag{1.13}$$

其中

$$\Lambda = \frac{D(\sigma_1 - \sigma_3)}{K p_a \left(\dfrac{\sigma_3}{p_a}\right)^n \left[1 - \dfrac{R_f(1 - \sin\varphi)}{2c\cos\varphi + 2\sigma_3 \sin\varphi}\right]}$$

随后，实践表明$E-\nu$模型在测定泊松比时，侧向应变ε_3不易直接测量，因而邓肯等还提出了一种确定切线体积模量B_t的方法，即用B_t来代替ν_t，这种方法习惯性被称为邓肯-张$E-B$模型，B_t的表达式为

$$B_t = K_b p_a \left(\frac{\sigma_3}{p_a}\right)^m \tag{1.14}$$

邓肯-张$E-\nu$模型和$E-B$模型在描述土体变形方面的区别在于，$E-\nu$模型假设ε_1-ε_3曲线为双曲线，而$E-B$模型假设ε_v-ε_1曲线为双曲线，但总的来说，两者在反映土的体变特性方面都不甚理想。关于两种模型之间的差异，殷宗泽[2]曾做过深入细致的比较。

在邓肯-张$E-\nu$模型求弹性参数E_t和ν_t的公式中，包含了K、n、R_f、c、φ和G、D、F共8个参数，求B_t包含了K_b和m，均可以由常规三轴试验确定，且参数定义明确，在广泛的应用中积累了丰富的经验，因而是目前国内使用最广泛的本构模型之一。当然，该模型也存在一定的问题，最突出的是无法反映中主应力的影响和土体的剪胀性，其中无法反映土体的剪胀性对粗粒土而言是不容忽视的缺陷，因而不少研究都是针对剪胀性的描述进行改进。

邓肯-张$E-B$模型中，假设体应变ε_v与轴向应变ε_1的关系为单调增加的双曲线，因此只能反映土体的体缩特征，而不能反映剪胀性质。为了解决该问题，不少研究提出或改进剪胀方程，期望能够使邓肯-张$E-B$模型能够反映土体的剪胀性质。

罗刚和张建民[114]针对邓肯-张$E-B$模型存在不能反映土体剪胀性和沈珠江模型反映剪胀性偏大的不足，提出了一个能够统一模拟低围压到高围压条件下土剪胀特性的数学表达式，并采用三种粗粒的大三轴试验结果初步验证了改进后的邓肯-张$E-B$模型和沈珠江模型在反映土体剪胀方面的良好适用性。

程展林等[115]在大量粗粒土试验的基础上，基于邓肯-张$E-\nu$模型和Rowe剪胀方程，假定土体的体应变为球应力引起的体应变和剪应力引起的体应变之和，在"两参量"非线性模型的基础上引入了剪胀模量，初步提出了一种新的"三参量"非线性剪胀模型。潘家军等[116]又于2014年在次弹性理论基础上，将该模型的应力-应变关系式扩展到一般的三维应力条件下。

张嘎和张建民[117]根据试验结果发现，用抛物线来描述 ε_1-ε_3 关系曲线比双曲线更为合理，因而对邓肯-张 E-ν 模型进行了局部改进：

$$-\varepsilon_3 = d_1\varepsilon_1^2 + d_2\varepsilon_1 \tag{1.15}$$

史江伟等[118]在邓肯-张 E-ν 模型的基础上，认为部分土体的 ε_1-ε_3 和 $(\sigma_1-\sigma_3)$-ε_1 关系曲线并不完全符合双曲线，因而对两者都进行了改进，其中 ε_1-ε_3 曲线采用式（1.15）中的抛物线假定，而 $(\sigma_1-\sigma_3)$-ε_1 则表示为

$$\ln\left(\frac{\sigma_1-\sigma_3}{p_a}+1\right) = \frac{\varepsilon_1}{a+b\varepsilon_1} \tag{1.16}$$

式（1.16）改进后的模型能对于反映偏应力和轴向应变之间的关系更为合理，且在一定程度上能够反映粗粒土低围压下剪缩、高围压下剪胀的特性。

米占宽等[36]在考虑颗粒破碎的 Rowe 剪胀方程的基础上，提出了将摩擦系数 M 由临界状态应力比 M_c 折减为关于峰值应力比 M_f 的函数，计算的颗粒破碎耗能与主应变 ε_1 成双曲线关系，进而将该关系应用到对邓肯-张 E-ν 模型和"南水"双曲线模型的改进，使两个模型都能反映颗粒破碎的影响并能较为合理地反映剪胀，解决了邓肯-张 E-ν 模型无法反映剪胀而"南水"双曲线模型反映剪胀过大的问题。其思路为将泊松比 μ_t 修正为

$$\mu_t = \frac{\mathrm{d}\varepsilon_v}{\mathrm{d}\varepsilon_1} = 1 - \frac{\dfrac{\sigma_1}{\sigma_3} - \dfrac{\mathrm{d}E_B}{\sigma_3\,\mathrm{d}\varepsilon_1}(1+\sin\varphi_m)}{\tan^2(45°+\varphi_m/2)} \tag{1.17}$$

邓肯-张 E-ν 模型中的切线泊松比 ν_t 与泊松比 μ_t 的关系为

$$\nu_t = \frac{1}{2}(1-\mu_t) \tag{1.18}$$

式中：$\mathrm{d}E_B$ 为单位体积的颗粒破碎耗能。

1.3.1.2　K-G 模型及其改进

一般认为，K-G 模型优于 E-ν 模型，因为弹性模量和泊松比的选定比较困难，尤其是泊松比的测定受试验方法影响较大，且泊松比的变化会引起应力-应变矩阵法向应变的较大变化。

对于三维应力状态，通常引入球应力 p 和偏应力 q 两个分量来反映土的复杂应力状态，而体积模量 K 和剪切模量 G 分别反映了 p、q 作用下土的弹性性质。广义胡克定律可以用 E、ν 表示，也可以用 K、G 表示为

$$\begin{Bmatrix} \mathrm{d}p \\ \mathrm{d}q \end{Bmatrix} = \begin{Bmatrix} K_t & 0 \\ 0 & 3G_t \end{Bmatrix} \begin{Bmatrix} \mathrm{d}\varepsilon_v \\ \mathrm{d}\varepsilon_s \end{Bmatrix} \tag{1.19}$$

式（1.19）表示体积应变 ε_v 只与平均正应力 p 有关，剪应变 ε_s 只与广义剪应力 q 有关。这种应力关系称为非耦合关系，一般只需要进行 $q=0$ 和 $p=$ 常数的三轴试验即可直接、独立且较为准确地测定 K 和 G，一直以来 Domaschuk - Villiappan[109]的方法应用最为广泛，其模式的特点是取压缩曲线为半对数曲线，即 $\ln p$-ε_v 坐标系下曲线为直线；剪切曲线为双曲线。

（1）切线体积模量 K_t。现有两种方法求 K_t：一是根据 $\ln p$-ε_v 曲线，即将试验结果绘制在 $\ln p$-ε_v 坐标系下时曲线为直线：

$$\varepsilon_v = \varepsilon_{v0} + \lambda_1 \ln p \qquad (1.20)$$

切线模量 K_t 可表示为

$$K_t = \frac{p}{\lambda_1} \qquad (1.21)$$

另一种方法则是引入初始的等向应力 p_c 和相应的体积应变特征值 ε_{cv}，再根据 $\dfrac{p}{p_c} - \dfrac{\varepsilon_c}{\varepsilon_{cv}}$ 曲线求解。设 $\dfrac{p}{p_c} - \dfrac{\varepsilon_c}{\varepsilon_{cv}}$ 曲线为幂函数的形式：

$$\frac{p}{p_c} = \frac{\varepsilon_c}{\varepsilon_{cv}} \left[1 + \alpha \left(\frac{\varepsilon_c}{\varepsilon_{cv}} \right)^{n-1} \right] \qquad (1.22)$$

式中：p_c 和 ε_{cv} 为初始值；α 和 n 为试验参数，可通过曲线拟合得到。设初始切线体积模量为 $K_i = \dfrac{p_c}{\varepsilon_{vc}}$，则由式（1.21）可得 K_t 可进一步表示为

$$K_t = K_i \left[1 + n\alpha \left(\frac{\varepsilon_c}{\varepsilon_{cv}} \right)^{n-1} \right] \qquad (1.23)$$

（2）切线剪切模量 G_t。求切线剪切模量 G_t 的方法是先使土样在等向固结条件下固结到某个平均正应力 p，然后在 p 为常数的条件下做三轴排水剪切试验把试样剪切至破坏，在剪切过程中 $\mathrm{d}p = 0$，所以变形只与偏应力增量 $\mathrm{d}q$ 有关。

假设偏应力与偏应变之间具有双曲线关系：

$$q = \frac{\varepsilon_s}{a + b\varepsilon_s} \qquad (1.24)$$

$$G_t = pe^{A - B_1 \left(\frac{p}{p_c e_0} \right)} \left[1 - \frac{R_f q}{10^{\alpha_1} (p/p_c e_0)^\beta} \right]^2 \qquad (1.25)$$

式中：p_c、e_0、A、B_1、α_1、β 为土样参数。

在 Domaschuk - Villiappan 解耦 K - G 模型的基础上，南京水利科学研究院沈珠江[119]建议把该模型加以推广，即把其中的剪切曲线写成推广的双曲线形式：

$$q = \frac{\varepsilon_s (a + c\varepsilon_s)}{(a + b\varepsilon_s)^2} \qquad (1.26)$$

式（1.26）中，当常数项 $c = b$ 时，退化为原双曲线形式。

式（1.26）这种推广的双曲线，能够描述应变软化的阶段，因而不仅适用于硬化岩土材料，也能适用于软化的岩土材料，比如超固结土和岩石等。

此外，在 Domaschuk - Villiappan 的压缩曲线式（1.26）的基础上，加上剪切引起的体应变，即考虑了剪胀现象。

$$\varepsilon_v = \varepsilon_{v0} + \lambda_1 \ln(\sigma_3 + \sigma_t) + \frac{\varepsilon_s (d + f\varepsilon_s)}{(d + e\varepsilon_s)^2} \qquad (1.27)$$

式中：σ_t 为抗拉强度。式（1.27）中前两项表示等向压缩引起的体积应变，后一项为剪切应变产生的体积应变。为了考虑 p 的变化，在定义切线体积模块和剪切模量时采用应力应变全微分，即将式（1.19）写成

$$p = f_1(\varepsilon_v, \varepsilon_s) \atop q = f_2(\varepsilon_v, \varepsilon_s) \Bigg\} \tag{1.28}$$

则

$$\left. \begin{array}{l} K_t = \dfrac{\mathrm{d}p}{\mathrm{d}\varepsilon_v} = \dfrac{\partial f_1}{\partial \varepsilon_v} + \dfrac{\partial f_1}{\partial \varepsilon_s} \dfrac{\partial \varepsilon_s}{\partial \varepsilon_v} \\[3mm] G_t = \dfrac{\mathrm{d}q}{\mathrm{d}\varepsilon_s} = \dfrac{\partial f_2}{\partial \varepsilon_v} \dfrac{\partial \varepsilon_v}{\partial \varepsilon_s} + \dfrac{\partial f_2}{\partial \varepsilon_s} \end{array} \right\} \tag{1.29}$$

该模型的推导过程中参数和公式较多，此处不再赘述。该模型考虑了硬化和软化，也考虑了剪胀，而且适用性广泛，对正常固结土、超固结土和次固结土以及岩石等均能适用。

$K\text{-}G$ 模型的耦合模型考虑体积应变不仅与 p 有关，还与 q 有关；剪应变不但与 q 有关，也与 p 有关。这种方法考虑平均应力和剪应力对应变的交叉影响，考虑土的剪胀性和压硬性，在概念上更为完整，但是一般参数较多且确定参数的方法较为复杂。

1.3.2　弹塑性模型

弹塑性理论定义材料在荷载作用下的变形是弹性变形和塑性变形之和，其中研究塑性变形需要解决如下三个方面的问题：产生塑性变形的起点、方向和大小，类似于力的三要素：大小、方向和作用点。在塑性理论中，描述以上三个问题的工具被称为塑性理论的三大支柱：屈服条件、流动法则和硬化规律。屈服条件和硬化规律决定了塑性应变与应力之间的关系，需要利用流动法则，进一步确定塑性应变增量的各个分量。

（1）流动法则是确定塑性应变增量方向的法则。关于流动规则有两种假定：一是相关联流动规则假定塑性势函数 g 与屈服函数 f 一致，即 $f = g$，这表示塑性应变增量方向与屈服面也是正交的；二是对于岩土类材料，试验得出的塑性应变增量方向有时并不与屈服面正交，因而提出了不相关联流动法则，即 $f \neq g$。从本质上讲，岩土材料用非相关联流动法则更为合适，但由于这会增加计算工作量，因而大多数模型依然采用相关联流动法则。

（2）屈服条件是确定开始产生塑性变形的应力条件。若采用相关联流动法则，则不用再额外提出屈服函数，令 $f = g$ 即可，目前大多数土的弹塑性模型都采用该方法，比如剑桥模型[50]、修正剑桥模型[110]等。非关联流动法则也有应用，如拉德-邓肯[120]模型，其屈服函数 f 与塑性势函数 g 分别为

$$f = \frac{I_1^3}{I_3} - k = 0 \tag{1.30}$$

$$g = I_1^3 - k_1 I_3 = 0 \tag{1.31}$$

f 与 g 形式相同，只是式中的常数项不同，并假定一个 k_1 对应一个 k 值，即一个屈服面对应一个塑性势面。

（3）硬化规律是确定塑性应变增量大小的规律，确定硬化规律实质上是要确定硬化参量。

当荷载超过了原来的屈服面，土体产生新的塑性变形，屈服应力得到了提高，这种特

性成为硬化，即硬化的根源是有塑性应变的产生。硬化参量是用来计算从一个屈服面到另一个屈服面产生塑性应变增量的大小，土的弹塑性模型中常用到的两个基本塑性应变参量是塑性体积应变 ε_v^p 和塑性剪应变 ε_s^p，而硬化参量 H 通常就取为 ε_v^p 或 ε_s^p，以及两者之间的函数组合。

硬化参量 H 的假定，通常有如下几种：

1）塑性体积应变 ε_v^p，对于黏土，应力路径无关，能较好地反应土体体积变形特性；对于砂土、粗粒土等，具有很强的应力路径相关性，因而不适宜直接作为硬化参量。

2）塑性剪应变 ε_s^p，受应力路径影响明显，不适宜直接作为硬化参量。

3）塑性功 $W^p = \int p\,\mathrm{d}\varepsilon_v^p + q\,\mathrm{d}\varepsilon_s^p$，应力路径无关。

4）ε_v^p 和 ε_s^p 的函数组合，比如，褚福永等[94]对于粗粒土的硬化参量为：$\mathrm{d}H = \mathrm{d}\varepsilon_v^p + \beta\eta\,\mathrm{d}\varepsilon_s^p$，黄茂松等[63]构造了一个应力路径无关的硬化参量为：$H = \int \mathrm{d}H = \int \dfrac{M_d^4}{M_f^4}\dfrac{M_f^4 - \eta^4}{M_d^4 - \eta^4}\mathrm{d}\varepsilon_v^p$。

由英国剑桥大学的 Roscoe 等[92]于 1963 年提出的剑桥模型为弹塑性本构模型，该模型开创了土力学的临界状态理论。其基本组成为：

（1）在 e-$\ln p$ 平面中，存在一条直线被称为正常固结线（NCL），对于正常固结的黏土所有应力及对应的孔隙比都落在该直线上，它提供了体积硬化规则，可以被广义化为一般应力条件。

（2）e-$\ln p$-q 空间内，存在一条直线，所有的残余状态都遵循此路径，而与初始条件和实验类别等无关，这条直线投影到 e-$\ln p$ 平面中则与正常固结线（NCL）平行，被称为临界状态线（CSL），在此线上，体积变形为零，只有剪切变形。

模型基于对临界状态线（通常对应的应变为 10% 或更大）、相关联塑性理论中屈服面与固结定律的假定。该模型假定：①屈服与第三应力分量无关，只与 p、q 有关；②以 ε_v^p 为硬化参数；③塑性变形符合相关联的流动法则；④变形消耗的功为塑性功，其表达式为：$\mathrm{d}W^p = p\,\mathrm{d}\varepsilon_v^p + q\,\mathrm{d}\varepsilon_s^p = Mp\,\mathrm{d}\varepsilon_s^p$。

由此得到剪胀方程为

$$\frac{\mathrm{d}\varepsilon_v^p}{\mathrm{d}\varepsilon_s^p} = M - \frac{q}{p} = M - \eta \tag{1.32}$$

采用相关联流动法则，屈服函数和塑性势函数为

$$M\ln p + \frac{q}{p} - M\ln p_0 = 0 \tag{1.33}$$

硬化参数为

$$H = \varepsilon_v^p = \frac{\lambda - \kappa}{1 + e_0}\ln\frac{p_0}{p_a} \tag{1.34}$$

联立式（1.33）和式（1.34）得到剑桥模型的屈服函数为

$$f = \frac{\lambda - \kappa}{1 + e_0}\ln\frac{p_0}{p_a} + \frac{\lambda - \kappa}{1 + e_0}\frac{1}{M}\frac{q}{p} - \varepsilon_v^p = 0 \tag{1.35}$$

1968 年[110]又提出了修正剑桥模型，即改变了塑性功的表达式：

$$dW^P = p\,d\varepsilon_v^P + q\,d\varepsilon_s^P = p\sqrt{(d\varepsilon_v^P)^2 + (M d\varepsilon_s^P)^2} \tag{1.36}$$

由此得到新的剪胀方程为

$$\frac{d\varepsilon_v^P}{d\varepsilon_s^P} = \frac{M^2 p^2 - q^2}{2pq} = \frac{M^2 - \eta^2}{2\eta} \tag{1.37}$$

采用相关联流动法则，修正剑桥模型的屈服函数和塑性势函数为

$$q^2 + M^2 p^2 - M^2 p_0\,p = 0 \tag{1.38}$$

硬化参数与剑桥模型相同，则联立式（1.37）和式（1.38）得到屈服函数为

$$f = \frac{\lambda - \kappa}{1 + e_0}\ln\frac{p}{p_0} + \frac{\lambda - \kappa}{1 + e_0}\ln\left(1 + \frac{q^2}{M^2 p^2}\right) - \varepsilon_v^P = 0 \tag{1.39}$$

修正剑桥模型的塑性势面是一个椭圆，与 p 轴正交，在特征点 $p/q = M$ 处，塑性体应变 $d\varepsilon_v^P = 0$，只有塑性剪应变；在 $q = 0$ 处 $d\varepsilon_s^P = 0$，只有塑性体积应变，更符合土体的变形特征，因而更为人们所熟悉和使用。

剑桥模型的建立，标志着现代土力学的开始。其基本假设有一定的试验依据，且基本概念都有明确的几何和物理意义，如临界状态线、状态边界面等概念后来都被应用到砂土和粗粒土的本构模型研究之中。当然，由于存在显著的颗粒破碎等特性，因而适用于黏土的剪胀方程并不能较好地适用于粗粒土[120-122]，实践表明剑桥模型能够较好地适用于正常固结黏土和弱超固结黏土，而对粗粒土的适用性较差。但是其思路和一些合理的假设则值得借鉴，因而之后提出的许多粗粒土弹塑性模型都是剑桥模型的派生或改进。

McDowell 和 Bolton[123]通过对土颗粒进行单粒压缩试验，建立了颗粒破碎与荷载和粒径的关系，并将这一关系引入剑桥模型和修正剑桥模型，描述土体的硬化规律。

Wheeler 等[13]基于对软黏土的试验研究，在修正剑桥模型的基础上考虑 K_0 固结诱发的土体各向异性，其剪胀方程为

$$\frac{d\varepsilon_v^P}{d\varepsilon_s^P} = \frac{M^2 - \eta^2}{2(\eta - \alpha)} \tag{1.40}$$

式中：α 为旋转硬化参数，曾取为塑性体应变和塑性剪应变的函数组合。

该模型的屈服面为倾斜椭圆，屈服函数为

$$f = (q - p\alpha)^2 + p(M^2 - \alpha^2)(p - p_0) = 0 \tag{1.41}$$

值得注意的是，当 $\alpha = 0$ 时，式（1.40）退化为修正剑桥模型的剪胀方程，而式（1.41）也退化为修正剑桥模型的屈服函数式（1.39）。经验证，该模型比修正剑桥模型更符合 K_0 固结土体的受力变形性质。

褚福永等[24]将该屈服函数式（1.41）应用到粗粒土的研究之中，提出了一个考虑粗粒土初始各向异性的弹塑性模型，且通过双江口堆石料进行试验验证了该模型能较好地反映初始及后续各向异性状态下粗粒土的剪胀性。

Ueng 和 Chen[33]以砂土为研究对象，从考虑颗粒破碎耗能的角度出发，在 Rowe 最小能比原理的基础上建立新的剪胀方程。

$$R + \left(\frac{d\varepsilon_v^P}{d\varepsilon_1^P} - 1\right)R_u = \frac{dE_B(1 + \sin\phi_{cv})}{\sigma_3\,d\varepsilon_1^P} \tag{1.42}$$

迟世春和贾宇峰[18]给出了粗粒土 dE_B 与 p、q 之间的关系式，由于该方程本身及其参

数的表达式都较为复杂，因而此处不再赘述。当 dE_B 为 0 时，式（1.42）退化为 Rowe 剪胀方程。

贾宇峰等[124]沿用了 Ueng 和 Chen[33]的剪胀方程，考虑了颗粒破碎对颗粒间摩擦系数的影响，并提出了考虑颗粒破碎耗能的能量平衡关系，在此基础上采用相关联流动法则提出了一个弹塑性模型，经验证该模型能够反映土体的硬化、软化和剪胀等主要特性。该模型的 14 个参数中如颗粒破碎指标等无法通过试验直接测量，作者建议使用非常规的优化方法如变异粒子群优化算法进行参数拟合，在一定程度上降低了该模型的实用性。

姚仰平等[99]采用与修正剑桥模型类似的剪胀方程：

$$\frac{d\varepsilon_v^p}{d\varepsilon_s^p} = \frac{M_d^2 - \eta^2}{2\eta} \qquad (1.43)$$

采用相关联流动法则，屈服函数和塑性势函数为

$$f = g = \frac{(2n+1)p_c^{2n}}{M^2}\frac{q^2}{p} + p^{2n+1} - p_0^{2n+1} = 0 \qquad (1.44)$$

引入修正的硬化参数 H 以取代塑性体应变，其表达式为

$$H = \int dH = \int \frac{M_d^4}{M_f^4}\frac{M_f^4 - \eta^4}{M_d^4 - \eta^4}d\varepsilon_v^p \qquad (1.45)$$

该模型共有 7 个参数，需要通过等压加、卸载试验和常规三轴压缩试验确定。该模型是 UH 系列模型的延伸，能够考虑颗粒破碎引起的强度非线性，较好地描述粗粒土低围压下的剪胀和高围压下的剪胀特性。

1.3.3 广义塑性模型

广义塑性模型是由 Zienkiewicz[111] 和 Pastor 等[112-113]在广义塑性理论框架上提出的。此类模型可以考虑材料的剪胀特性，且刚度矩阵推导过程简单明确，便于在有限元程序中实现分析计算。因此，近年来不少学者将广义塑性理论引入到粗粒土的本构模型研究之中。基于广义塑性理论建立的本构模型只需直接确定塑性流动方向 n_g、加载方向 n_f 和塑性模量 H，可以考虑材料的剪胀特性，具有更大的灵活性。其刚度矩阵可表示为

$$[\boldsymbol{D}^{ep}] = [\boldsymbol{D}^e] - \frac{[\boldsymbol{D}^e]\{n_g\}\{n_f\}^T[\boldsymbol{D}^e]}{\{n_f\}^T[\boldsymbol{D}^e]\{n_g\} + H} \qquad (1.46)$$

其中，塑性流动方向 n_g 和加载方向 n_f 的形式较为固定，一般表示为

$$n_g = \left(\frac{d_g}{\sqrt{1+d_g^2}}, \frac{1}{\sqrt{1+d_g^2}}\right)$$
$$n_f = \left(\frac{d_f}{\sqrt{1+d_f^2}}, \frac{1}{\sqrt{1+d_f^2}}\right) \qquad (1.47)$$

式中：d_g 为剪胀方程；d_f 为峰值应力比 M_f 的函数，且表达式形式一般与 d_g 相同。

因此，广义塑性模型的构建主要取决于两点：剪胀方程 d_g 和塑性模量 H 的选择。

广义塑性理论最早是描述单调或循环荷载下砂土的应力—应变关系，邹德高等[125]考虑压力相关性，通过修改弹性模量和塑性模量模拟了粗粒料的单调和循环荷载下的应力—应变曲线，可很好地反映粗粒料变形的应力路径相关性。2011 年，刘恩龙和陈生水[51]引

入状态参数，将剪胀表示为状态参数的函数，提出了一个广义塑性模型，其中，其剪胀方程和塑性模量为

$$
\left.
\begin{aligned}
d_g &= (1+\alpha)(M_g - \eta) \\
H &= H_0 P_a \left(\frac{p_c}{P_a}\right)^n \left(\frac{p}{P_a}\right)^{0.72} \left(1 - \frac{\eta}{(1+1/\alpha)M_f}\right)^4 \frac{M_g - \eta}{\eta}
\end{aligned}
\right\}
\tag{1.48}
$$

式中：H_0 和 n 均为常数；p_c 为固结完成时的平均有效应力。该模型共有 12 个参数，需要通过压缩试验、三轴固结排水试验和等向压缩试验联合确定，其中剪胀方程的适用性尚需进一步验证，在一定程度上降低了该模型的实用性。

陈生水等[4]基于广义塑性理论提出了一个堆石料动力本构模型，并证明了该模型可以有效地反映循环荷载作用下堆石料应力应变曲线的滞回特性与永久变形的积累，其剪胀方程 d_g 和塑性模量 H 为

$$
\left.
\begin{aligned}
d_g &= M_d - \eta \\
H &= \left(1 - \frac{\eta}{M_f}\right)^m \frac{1 + (1 + \eta/M_d)^2}{1 + (1 - \eta/M_d)^2} \frac{1 + e_0}{\lambda - \kappa} p
\end{aligned}
\right\}
\tag{1.49}
$$

王占军等[102]基于常规三轴排水剪切试验分析了粗粒土的剪胀特性并提出了简单实用的剪胀方程，进而从广义塑性理论的角度，建立了一个考虑颗粒破碎的弹塑性本构模型，其剪胀方程 d_g 和塑性模量 H 为

$$
\left.
\begin{aligned}
d_g &= \left[1 - \left(\frac{\eta}{M_d}\right)^a\right] \exp\left(\frac{c_0}{\eta}\right) \\
H &= \left[1 - \left(\frac{\eta}{M_f}\right)^\beta\right] \exp\left(\frac{\eta}{M_f}\right) \frac{1 + e}{\lambda - \kappa} p
\end{aligned}
\right\}
\tag{1.50}
$$

式中：α、β 为材料常数；c_0 为一个小常数，常设为 0.001。M_d 为体积剪缩转向体积剪胀的临界点所对应的应力比，M_f 为峰值应力比。该模型有 10 个参数，通过室内压缩试验和三轴试验即可确定，能够反映颗粒破碎对堆石料强度与变形的影响。

朱晟等[122]基于 Lagioia 等[100]剪胀方程提出了一个堆石料的广义塑性模型，并于 2015 年[126]利用广义塑性模型对某面板堆石坝进行了三维静力计算。为了能够反映堆石料在复杂应力路和加卸载条件下的应力应变特性，塑性模量分为加载模量、再加载模量和卸载模量，其中，剪胀方程和塑性加载模量为

$$
\left.
\begin{aligned}
d_g &= \alpha\left(1 + \beta\frac{M_d}{\eta}\right)(M_d - \eta) \\
H &= \left(1 - \frac{\eta}{M_f}\right) \exp\left(\frac{\eta}{M_d}\right) \frac{1 + (\eta/M_f)^2}{1 + (\eta/M_d)^2} \frac{1 + \eta/M_f}{1 + \eta/M_d} \frac{(p_a + \sigma_c)^m}{m(c_t - c_e)p^{m-1}}
\end{aligned}
\right\}
\tag{1.51}
$$

式中：c_t 为压缩指数；c_e 为回弹指数；σ_c 为抗拉强度；p_a 为大气压。该模型共有 12 个模型参数，通过室内常规三轴试验和等向压缩试验资料可以确定。

综上所述，由颗粒破碎引起的显著剪胀性是粗粒土应力应变特性的重要方面之一，因此，无论是在现有经典弹塑性或非线性模型的基础上进行改进，还是提出新的模型，剪胀方程都是研究的重点。

1.4 土工室内测试技术进展

土工室内测试仪器是获取岩土体参数、研究岩土体特性、揭示相关机理的载体,粗粒土颗粒大,许多高土石坝堆石料最大粒径达到1200mm,室内试验需要先对原级配进行缩尺。为了减小室内试验缩尺效应的影响,粗粒土相关的室内试验仪器朝着尺寸更大、压力更高、加载方式更复杂的趋势发展。本节总结了近年来在粗粒土室内试验方面的大型和超大型试验设备。

1.4.1 大型有压渗透仪

为了研究高土石坝筑坝材料在高应力和高水头作用下的渗透系数、渗透变形和防渗体层间渗流关系,南京水利科学研究院研制了大型渗透仪[127],试样桶尺寸为1000mm×1000mm×1630mm,试样最大允许粒径200mm,上覆应力0~6.0MPa,渗透水压力0~1.6MPa,如图1.15所示。

该设备已成功运用于目前世界已开工建设最高的混凝土面板坝砂砾石坝——大石峡(最大坝高247m),主要进行垫层区料-过渡区料、垫层-主堆石砂砾料的联合抗渗特性以及原型级配主堆石砂砾料的渗透及渗透变形特性研究[127],并与 ϕ300mm 的常规大型渗透仪试验结果进行了对比。结果表明,砂砾石料渗透特性缩尺试验结果将高估其排水性能和抗渗透破坏能力,有必要利用更大试样尺寸的试验设备,开展全级配砂砾石料渗透特性试验。

图 1.15 大型高压渗透仪[127]

1.4.2 大型接触面直剪仪

水利工程中混凝土面板堆石坝面板与垫层之间的接触,心墙堆石坝中心墙土料与反滤料、坝壳料与基岩等多种类型的接触,这些通常是坝体关键部位或薄弱环节[128]。材料特性的差异使得接触界面两侧常存在较大的剪应力并产生了位移不连续的现象,开展接触面的力学特性试验研究,具有重要的理论和实践意义。

接触面的力学特性试验大多在直剪仪上进行,国内多家单位研制了大型直剪仪,如长江科学院研制[129]的直剪仪试样尺寸为600mm×600mm;南京水利科学研究院[59]研制了大型直剪仪试样尺寸500mm×670mm和500mm×500mm,如图1.16所示,该设备最大垂直荷载为400kN,最大水平荷载400kN;该设备成功运用于最大坝高315m的如美心墙堆石坝、最大坝高247m大石峡混凝土面板坝砂砾石坝、最大坝高210m滚哈布奇勒面板堆石坝等水利水电工程的堆石与岸坡、垫层与面板等接触面特性研究。

图 1.16　大型接触面直剪仪[59]

1.4.3　大型、超大型三轴仪

目前国内多家科研单位所使用的大型三轴仪，试样尺寸为 $\phi 300mm \times H600mm$，最大粒径为 60mm。粗粒土不同缩尺比例关系到试验成果的真实性和可靠性，缩尺比例越小，则试验值越接近于真实值。以堆石料最大粒径 1200mm 为例，直径为 300mm 的大型三轴仪，试验最大粒径为 60mm，缩尺比例为 20。大连理工大学研制了超大型三轴仪，试样尺寸 $\phi 1000mm \times H2000mm$，最大围压 3MPa，试验最大粒径为 200mm，缩尺比例仅为 6 倍。马亮[130]利用该设备对某一爆破筑坝堆石料开展了试样直径 1 m 的超大型三轴固结排水剪切试验，如图 1.17 所示。

图 1.17　超大型三轴仪[130]

此前，由于缺少超大型三轴仪，堆石料的三轴试验需要进行较大比例的缩尺，常用的缩尺方法有四种，即剔除法、等量替代法、相似级配法和混合法。学者们关于粗粒土强度变形等性质与粒径尺寸、缩尺方法之间的关系未达成共识，甚至得出相反的结论[130]。超大型三轴仪，最大粒径可达200mm，对于一般的过渡料和反滤料，可以直接进行全级配三轴试验；对于粒径较大的堆石料，缩尺倍数仅为个位数，与ϕ300mm的常规大型三轴仪相比，试验值更接近于真实值，对于研究缩尺效应有着重要参考意义。

值得注意的是，随着试样尺寸的大幅度提高，超大型三轴仪试验操作方面会出现诸多难题，现有的试验规范并不一定适用，比如，击实方法的选择、橡皮膜的加工、震动筛分与搅拌方法等，尚需在大量试验中摸索与积累，并制定相应的规范。

1.4.4 大型真三轴试验仪

土工真三轴试验仪能够实现三向独立加载，真实反映土体单位在三向受力状态下的应力变形特性，是研究土体在复杂应力条件下物理力学特性最为有效的试验手段之一。我国真三轴仪的研究起步较晚，直到20世纪80年代才开始研制和引进真三轴仪，以往这些真三轴试验设备试样尺寸和应力水平较为有限，无法满足高应力、大粒径粗粒土等研究的需要。长江科学院[131]研制了大型真三轴仪，试样尺寸为300mm（长）×300mm（宽）×600mm（高），如图1.18所示。该设备具有如下优点：①大尺寸，试验三向最小尺寸为300mm，与目前常见的大型三轴仪的直径相同，能够保证控制粒径与常规大三轴一致，便于试验成果的比较。②高应力，本设备能实现的大中小主应力分别为15MPa、10MPa和3MPa，能够满足包括筑坝堆石料在各种高应力水平状态下的试验需求。

图1.18 大型土工真三轴试验系统[131]

1.4.5 大型 K_0 仪

随着水电大开发持续推进，对土石坝工程而言，优良坝址越来越少，不少设计或规划中的高土石坝是建立在深厚覆盖层砂卵石（粗粒土）地基上，有的覆盖层厚度达 100～200m，甚至超过 500m，其变形的准确预测对上部结构的安全至关重要。变形准确预测的前提是对地基基本力学性质的准确把握并在计算中得到考虑。地基静止侧压力系数 K_0 的准确测定历来认为是土力学的一个难点，尤其粗粒土，它又关系到室内试验方法及后期的变形计算，重要性不言而喻。

对于粗粒土 K_0 试验研究的难点在于常用的水囊式 K_0 仪无法提供足够的压力来模拟深厚覆盖层的高应力状态，在此背景下，河海大学朱俊高等[132-133]新近研制的新型大型 K_0 试样尺寸为 $\phi400\text{mm}\times H400\text{mm}$，试验仪最大粒径为 80mm，最大竖向压力可达到 6MPa，对于低应力状态和高应力状态下的各类土体，都能适用。该仪器与单向压缩固结仪类似，其基本结构如图 1.19 所示，为减轻试样顶部及底部摩擦力影响，在上钢板顶面和下钢板底部均铺满钢珠。利用该仪器，朱俊高等[133]对砂砾石料开展了系列 K_0 试验，研究了应力状态、级配、颗粒大小等因素对砂砾石料 K_0 系数的影响。

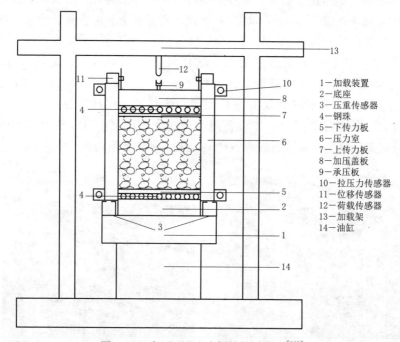

1—加载装置
2—底座
3—压重传感器
4—钢珠
5—下传力板
6—压力室
7—上传力板
8—加压盖板
9—承压板
10—拉压力传感器
11—位移传感器
12—荷载传感器
13—加载架
14—油缸

图 1.19　大型 K_0 试验仪结构示意图[133]

1.4.6　大型空心圆柱扭剪仪

波浪荷载、循环荷载、地震等复杂多变的工况对应试验中不同的应力状态和应力路径，而目前对于粗粒土的试验研究大多是基于常规三轴试验，能够实现的应力状态和应力路径比较有限，空心圆柱仪（Hollow Cylinder Apparatus，HCA）的发明弥补了常规三轴仪的缺陷。空心圆柱仪采用的是空心圆柱形试样，其受到如图 1.20 所示的轴力 W、试样外腔压力（外围压）p_o、试样内腔压力（内围压）p_i 和扭矩 M_T 四个独立控制的荷载作用。四个荷载的组合，能够实现多种复杂应力路径。

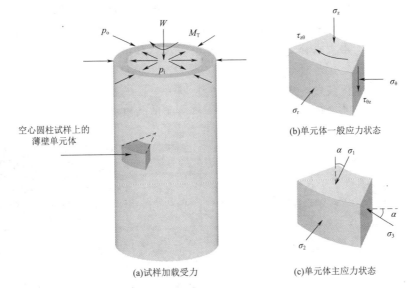

(a)试样加载受力   (c)单元体主应力状态

图 1.20   空心圆柱试样受力示意图

目前，国内外常见的 HCA 主要有三类，即英国 GDS、美国 GCTS 和国内科研院所自行研制或改进的空心圆柱仪。美国 GCTS 公司新近推出的 HCA－600 型大型动态空心圆柱扭剪仪[134]，试样尺寸达到 600mm×300mm×50mm（高×外径×内径），适合铁路、公路、机场以及土石坝等基础工程的粗粒土研究。

1.4.7   大型劣化仪

我国西部地区水能资源丰富，是我国水电站开发的主战场。受地理条件制约，常以砾石料或爆破堆石作为材料建设超高心墙堆石坝或面板堆石坝。西南、西北地区冬季气候寒冷、干燥，极端最低气温可达－20℃，岩性较差的筑坝材料长期经历冻融循环作用，其劣化灾变造成的强度衰减或超大变形，成为影响大坝变形和长期稳定安全的关键。因此，对筑坝材料的劣化灾变机理及防控理论开展系统研究，既有重要的学术价值，又是工程实践的迫切需要。

清华大学自行研制的堆石料风化试验仪[135-136]，主要包括竖向压缩仪系统、水平向直剪仪系统、温度冷热变化控制系统和干湿循环控制系统等四个部分，如图 1.21 所示。试样尺寸为 ϕ150mm×H150mm，轴向最大加载 5.5MPa，最大水平剪切荷载为 100kN，温度可控范围－10～200℃。利用该设备，对堆石料进行了荷载作用下干湿和温度耦合变化的风化试验，探讨了风化过程中堆石料的抗剪强度特性[136]，研究了堆石料在冻融循环作用下的变形和强度特性[137]。

图 1.21   堆石料风化试验仪组成示意图[135]

　　堆石料的劣化特性是目前土工试验研究的热点问题。堆石料在自然环境下，除承受相应的荷载作用之外，温度变化、干湿循环、风化等复杂环境条件的作用会使堆石料发生劣化。对于土石坝这类重大水利工程的使用年限一般长达百年，长期的劣化作用会使得堆石料的强度变形性质发生显著改变，如图 1.22 所示[136]，湿冷-干热耦合循环条件下大颗粒岩块发生了明显的风化破损，从而影响工程的长期安全。因此，通过各类土工测试仪器开展复杂条件下堆石料的劣化特性及机理研究，是该领域的研究趋势。

（a）风化前　　　　　　　　　　　　　　　　　　　（b）风化后

图 1.22　泥质粉砂岩块风化前后对比[136]

1.4.8　大型温控三轴仪

　　研究岩土体在水-热-力耦合作用下的物理力学是岩土工程领域的一个重要课题，但是，国内外关于松散堆积体剪切特性温湿度效应方面的研究十分有限，主要原因在于松散堆积体颗粒粒径较大，必须采用大型温控三轴仪进行试验，硬件开发难度较大。

　　南京水利科学研究院[138]自主研发的堆石料大型劣化仪的试样尺寸为 $\phi300mm \times H700mm$ 和 $\phi200mm \times H500mm$，轴向最大加载 1500kN，最大围压为 4MPa，温度可控范围 5~50℃，可在固定围压和应力水平下进行流变试验 60d 以上。

　　河海大学研制的三场耦合三轴试验系统，如图 1.23 所示，可控温度范围为 -20~70℃，试样尺寸有 $\phi300mm \times H600mm$ 和 $\phi200mm \times H400mm$ 两种规格，围压为 4MPa，可进行高应力、高围压、高低温、时间腐蚀及复杂应力路径条件下的筑坝料三轴试验，以研究筑坝料在复杂环境作用下的力学特性演化规律。

　　总体而言，粗粒土温控三轴试验系统研制，关键在于对试样如何实现均匀高效的温

图 1.23　大型温控三轴仪（河海大学）

度调控（特别是负温），以及在温度变化条件下如何实现对试样体变的精密测量。目前国内外在硬件研制方面取得了较大的进展，主要试验对象是非饱和细粒土；在粗粒土的研究方面，大型温控三轴仪等相关试验仪器还较少。

1.4.9 CT 扫描技术

CT 扫描技术（Computerized Tomography）即计算机层面扫描技术，是以计算机为基础对被测体断层中某种特性进行定量描述的专门技术。CT 技术的引入为岩土材料微观结构、剪切的演化规律、土体裂隙的发生、土体孔隙的变化等方面的无损、实时监测和定量描述提供了可能。

CT 技术在岩土工程中的实现主要依托 CT 三维可视化系统，包括 CT 扫描机、岩土专用加载设备和图像处理系统。目前，国内在岩土 CT 试验研究领域开始较早、成果颇丰的单位主要有四家，即中国科学院武汉岩土力学研究所、中科院寒区旱区环境与工程研究所、后勤工程学院和长江科学院。图 1.24 是长江科学院岩土试验 CT 工作站的照片。

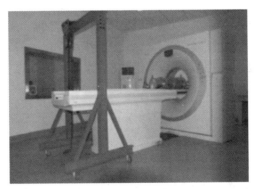

（a）岩土CT工作站

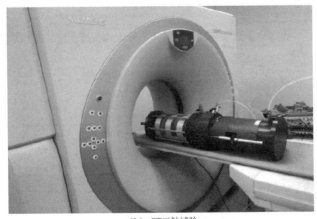

（b）CT三轴试验

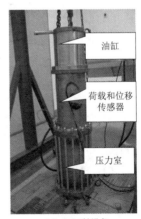

（c）CT三轴设备

图 1.24 岩土试验 CT 工作站[139]

目前，CT 扫描技术在土工测试研究中的应用主要集中于黄土、冻土、膨胀土、加筋土和粗粒土等特殊土。程展林等[139]开展了粗粒土 CT 三轴试验、三轴湿化变形试验、三轴流变试验和浸润试验等，研究粗粒土在变形过程中颗粒运动及破碎的规律，探索粗粒土的细观变形机理。

总体而言，CT 扫描技术在粗粒土颗粒破碎、流变机理等方面的研究具有不可替代的作用。岩土 CT 试验在硬件方面取得了较大进步，加载设备主要有单轴、三轴压缩仪、渗透仪、温控三轴仪、非饱和三轴仪等，使土体细观结构测试由试验前后发展到试验过程中的研究。

1.5 发展动态

粗粒土的力学性质受到多种因素的影响，关于粗粒土的力学性质，人们在颗粒破碎规律、临界状态、剪胀特性、流变规律及缩尺效应等方面已有了较深的认识，但是在一些热点问题上依然存在分歧，比如缩尺效应的影响、临界状态的描述等，目前尚未形成统一认识，甚至意见相反。在系统地、定量地揭示粗粒土力学性质宏观规律与细观机理方面，还有较多的工作亟须开展。

随着各类大型及超大型室内试验仪器投入使用，室内试验可测试粒径增大，降低了缩尺比例，使得测试结果更接近原级配土体。在测试技术取得显著发展的基础上，探究粗粒土在高应力状态、多种复杂应力路径、风蚀劣化、水热力耦合等复杂条件下的力学性质成为新的热点。

参考文献

［1］ 中华人民共和国水利部. 土的工程分类标准：GB/T 50145—2007 ［S］. 北京：中国计划出版社，2007.

［2］ 殷宗泽. 土工原理 ［M］. 北京：中国水利水电出版社，2007.

［3］ 吴二鲁，朱俊高，郭万里，等. 基于级配方程的粗粒料压实特性试验研究 ［J］. 岩土力学，2020，41 (1)：214 - 220.

［4］ 陈生水，傅中志，韩华强，等. 一个考虑颗粒破碎的堆石料弹塑性本构模型 ［J］. 岩土工程学报，2011，33 (10)：1489 - 1495.

［5］ 郭万里，朱俊高，彭文明. 粗粒土的剪胀方程及广义塑性本构模型研究 ［J］. 岩土工程学报，2018，40 (6)：1103 - 1110.

［6］ WAN R G, GUO P J. A simple constitutive model for granular soils：Modified stress - dilatancy approach ［J］. Computers & Geotechnics，1998，22 (2)：109 - 133.

［7］ 张丙印，贾延安，张宗亮. 堆石体修正 Rowe 剪胀方程与南水模型 ［J］. 岩土工程学报，2007，29 (10)：1443 - 1448.

［8］ 徐明，宋二祥. 粗粒土的一种应变硬化模型 ［J］. 岩土力学，2010，31 (9)：2967 - 2972.

［9］ CHAVEZ C, ALONSO E E. A constitutive model for crushed granular aggregates which includes suction effects ［J］. Soils and Foundations，2003，43 (4)，215 - 227.

［10］ ALONSO E E, ITURRALDE E F O, Romero E E. Dilatancy of Coarse Granular Aggregates ［J］. Springer Proceedings in Physics，2007，112：119 - 135.

［11］ CHARLES J A, WATTS K S. The influence of confining pressure on the shear strength of compacted rockfill ［J］. Géotechnique，1980，30 (30)：353 - 367.

[12] INDRARATNA B，SALIM W. Modeling of particle breakage of coarse aggregates incorporating strength and dilatancy [J]. 2002，155（4）：601 - 608.

[13] WHEELER S J，NÄÄTÄNEN A，KARSTUNEN M，et al. An anisotropic elastoplastic model for soft clays [J]. Canadian Geotechnical Journal，2003，40（2）：403 - 418.

[14] VARADARAJAN A，SHARMA K G，ABBAS S M，et al. Constitutive Model for Rockfill Materials and Determination of Material Constants [J]. International Journal of Geomechanics，2006，6（4）：226 - 237.

[15] MANZARI M T，DAFALIAS. A critical state two - surface plasticity model for sands [J]. Geotechnique，1997，47（2）：255 - 272.

[16] ALAEI E，MAHBOUBI A. A discrete model for simulating shear strength and deformation behaviour of rockfill material，considering the particle breakage phenomenon [J]. Granular Matter，2012，14（6）：707 - 717.

[17] 孔德志，张丙印，孙逊. 钢珠模拟堆石料三轴试验研究 [J]. 水力发电学报，2010（2）：210 - 215.

[18] 迟世春，贾宇峰. 土颗粒破碎耗能对罗维剪胀模型的修正 [J]. 岩土工程学报，2005（11）：31 - 34.

[19] 杜延龄，黄丽清. 高土石坝关键技术问题研究 [M]. 北京：中国水利水电出版社，2013.

[20] 陈生水，徐光明，钟启明，等. 土石坝溃坝离心模型试验系统研制及应用 [J]. 水利学报，2012，39（2）：241 - 245.

[21] 程展林，左永振，丁红顺，等. 堆石料湿化特性试验研究 [J]. 岩土工程学报，2010（2）：243 - 247.

[22] 杨光，张丙印，于玉贞，等. 不同应力路径下粗粒料的颗粒破碎试验研究 [J]. 水利学报，2010（3）：338 - 342.

[23] 迟世春，朱叶. 面板堆石坝瞬时变形和流变变形参数的联合反演 [J]. 水利学报，2016，47（1）：18 - 27.

[24] 褚福永，朱俊高，赵颜辉，等. 粗粒土初始各向异性弹塑性模型 [J]. 中南大学学报（自然科学版），2012，43（5）：1914 - 1919.

[25] LI X S，DAFALIAS A. Dilatancy for cohesionless soils [J]. Geotechnique，2000，50（4）：449 - 460.

[26] LIU J，ZOU D，KONG X，et al. Stress - dilatancy of Zipingpu gravel in triaxial compression tests [J]. Science China Technological Sciences，2016，59（2）：214 - 224.

[27] XIAO Y，LIU H，CHEN Y，et al. State - Dependent Constitutive Model for Rockfill Materials [J]. International Journal of Geomechanics，2015，15（5）：4014075.

[28] 孙吉主，施戈亮. 基于状态参数的粗粒土应变软化和剪胀性模型研究 [J]. 岩土力学，2008（11）：3109 - 3112.

[29] 张宗亮，贾延安，张丙印. 复杂应力路径下堆石体本构模型比较验证 [J]. 岩土力学，2008，29（5）：1147 - 1151.

[30] 杨光华，黄宏伟. 岩土材料本构模型的建模理论问题 [C]//首届全球华人岩土工程论坛. 上海：同济大学，2003：83 - 93.

[31] 陈志波，朱俊高，刘汉龙. 土石坝应力路径三维有限元数值分析 [J]. 长江科学院院报，2010，27（12）：59 - 63.

[32] ROWE P W. The Stress - Dilatancy Relation for Static Equilibrium of an Assembly of Particles in Contact [J]. Proceedings of the Royal Society A，1962，269（1339）：500 - 527.

[33] UENG T S，CHEN T J. Energy aspects of particle breakage in drained shear of sands [J]. Géotechnique，2015，50（50）：65 - 72.

[34] SALIM W，INDRARATNA B. A new elastoplastic constitutive model for coarse granular aggregates

incorporating particle breakage [J]. Canadian Geotechnical Journal, 2004, 41 (4): 657 - 671.

[35] 贾宇峰, 迟世春, 林皋. 考虑颗粒破碎的粗粒土剪胀性统一本构模型 [J]. 岩土力学, 2010, 31 (5): 1381 - 1388.

[36] 米占宽, 李国英, 陈生水. 基于破碎能耗的粗颗粒料本构模型 [J]. 岩土工程学报, 2012, 34 (10): 1801 - 1811.

[37] MIURA N, O - HARA S. Particle crushing of decomposed granite soil under shear stresses [J]. Soils & Foundations, 2008, 19 (3): 1 - 14.

[38] MCDOWELL G R. The Role of Particle Crushing in Granular Materials [C]// Modern Trends in Geomechanics. Springer Berlin Heidelberg, 2006: 271 - 288.

[39] EINAV I. Breakage mechanics - part I: theory [J]. Journal of the Mechanics and Physics of Solids, 2007, 55 (6): 1274 - 1297.

[40] 胡亚元. 关于岩土热力学本构理论几个基本概念的认识 [J]. 温州大学学报 (自然科学版), 2010, 31 (增刊): 343 - 349.

[41] 张季如, 张弼文, 胡泳, 等. 粒状岩土材料颗粒破碎演化规律的模型预测研究 [J]. 岩石力学与工程学报, 2016, 35 (9): 1898 - 1905.

[42] 陈镠芬, 高庄平, 朱俊高, 等. 粗粒土级配及颗粒破碎分形特性 [J]. 中南大学学报 (自然科学版), 2015 (9): 3446 - 3453.

[43] 蔡正银, 李小梅, 关云飞, 等. 堆石料的颗粒破碎规律研究 [J]. 岩土工程学报, 2016, 38 (5): 923 - 929.

[44] 傅华, 凌华, 蔡正银. 粗颗粒土颗粒破碎影响因素试验研究 [J]. 河海大学学报 (自然科学版), 2009, 37 (1): 75 - 79.

[45] 孔宪京, 刘京茂, 邹德高, 等. 紫坪铺面板坝堆石料颗粒破碎试验研究 [J]. 岩土力学, 2014, 35 (1): 35 - 40.

[46] 田海, 孔令伟, 赵翀. 基于粒度熵概念的贝壳砂颗粒破碎特性描述 [J]. 岩土工程学报, 2014, 36 (6): 1152 - 1159.

[47] 赵晓菊, 凌华, 傅华, 等. 级配对堆石料颗粒破碎及力学特性的影响 [J]. 水利与建筑工程学报, 2013, 11 (4): 175 - 178.

[48] 柏树田, 崔亦昊. 堆石的力学性质 [J]. 水力发电学报, 1997, 16 (3): 21 - 30.

[49] MA G, ZHOU W, NG T T, et al. Microscopic modeling of the creep behavior of rockfills with a delayed particle breakage model [J]. Acta Geotechnica, 2015, 10 (4): 481 - 496.

[50] LEE K L, FARHOOMAND I. Compressibility And Crushing Of Granular Soil In Anisotropic Triaxial. [J]. Canadian Geotechnical Journal, 1976, 4 (1): 68 - 86.

[51] BIAREZ J, HICHER P Y. Influence of grading and grain breakage induced gradingchange on the mechanical behavior of granular materials [J]. French Journal of Civil Engineering, 1997, 1 (4): 607 - 631.

[52] MARSAL R J. Large - scale testing of rockfills materials [J]. Journal of the soil mechanics and foundation engineering ASCE, 1967, 93 (2): 27 - 44.

[53] HARDIN B O. Crushing of Soil Particles [J]. Journal of Geotechnical Engineering, 1985, 111 (10): 1177 - 1192.

[54] 尹振宇, 许强, 胡伟. 考虑颗粒破碎效应的粒状材料本构研究: 进展及发展 [J]. 岩土工程学报, 2012, 34 (12): 2170 - 2180.

[55] LADE P V, YAMAMURO J A, BOPP P A. Significance of Particle Crushing in Granular Materials

[J]. Journal of Geotechnical Engineering，1996，122（4）：309－316.

[56] NAKATA A F L，HYDE M，HYODO H. A probabilistic approach to sand particle crushing in the triaxial test [J]. Géotechnique，1999，49（5）：567－583.

[57] 刘恩龙，覃燕林，陈生水，等. 堆石料的临界状态探讨 [J]. 水利学报，2012，39（5）：505－511.

[58] 贾宇峰，王丙申，迟世春. 堆石料剪切过程中的颗粒破碎研究 [J]. 岩土工程学报，2015，37（9）：1692－1697.

[59] 石修松，程展林. 堆石料颗粒破碎的分形特性 [J]. 岩石力学与工程学报，2010，29（a02）：3852－3857.

[60] BUDDHIMA I，DENG S Q，SANJAY N. Observed and predicted behaviour of rail ballast under monotonic loading capturing particle breakage [J]. Canadian Geotechnical Journal，2014，52（1）：73－86.

[61] 郭万里，朱俊高，钱彬，等. 粗粒土的颗粒破碎演化模型及其试验验证 [J]. 岩土力学，2019，40（3）：1023－1029.

[62] ZHU JunGao，GUO WanLi，WEN YanFeng，et al. New Gradation Equation and Applicability for Particle－Size Distributions of Various Soils [J]. International Journal of Geomechanics，2018，18（2）：04017155.

[63] 黄茂松，姚仰平，尹振宇，等. 土的基本特性及本构关系与强度理论 [J]. 土木工程学报，2016，49（7）：9－35.

[64] WOOD D M，MAEDA K. Changing grading of soil：effect on critical states [J]. Acta Geotechnica，2008，3（1）：3－14.

[65] XIAO Y，LIU H L，DING X M，et al. Influence of particle breakage on critical state line of rockfill material [J]. International Journal of Geomechanics，2016，16（1）：04015031.

[66] XIAO Y，SUN Y F，HANIF K F. A particle－breakage critical state model for rockfill material [J]. Science China：technological sciences，2015，58（7）：1125－1136.

[67] 刘恩龙，陈生水，李国英，等. 堆石料的临界状态与考虑颗粒破碎的本构模型 [J]. 岩土力学，2011，32（S2）：148－154.

[68] GUO W L，ZHU J G. Energy consumption of particle breakage and stress dilatancy in drained shear of rockfill materials [J]. Géotechnique Letters，2017，（7）：304－308.

[69] GUO WanLi，ZHU JunGao，SHI WeiCheng，et al. Dilatancy equation for rockfill materials under three－dimensional stress conditions [J]. International Journal of Geomechanics，ASCE，2019，19（5）：04019027.

[70] JIN Y F，WU Z X，YIN Z Y，et al. Estimation of critical state－related formula in advanced constitutive modeling of granular material [J]. Acta Geotechnica，2017，12（6）：1－23.

[71] 丁树云，蔡正银，凌华. 堆石料的强度与变形特性及临界状态研究 [J]. 岩土工程学报，2010，32（2）：248－252.

[72] 蔡正银，李小梅，韩林，等. 考虑级配和颗粒破碎影响的堆石料临界状态研究 [J]. 岩土工程学报，2016，38（8）：1357－1364.

[73] 武颖利，皇甫泽华，郭万里，等. 考虑颗粒破碎影响的粗粒土临界状态研究 [J]. 岩土工程学报，2019，41（S2）：25－28.

[74] 孙海忠，黄茂松. 考虑颗粒破碎的粗粒土临界状态弹塑性本构模型 [J]. 岩土工程学报，2010，32（8）：1284－1290.

[75]　魏匡民，陈生水，李国英，等. 基于状态参数的筑坝粗粒土本构模型 [J]. 岩土工程学报，2016，38（4）：654 - 661.

[76]　YIN Z Y，HICHER P Y，DANO C，et al. Modeling mechanical behavior of very coarse granular materials [J]. Journal of Engineering Mechanics，2016，143（1）：C4016006.

[77]　WANG Z L，DAFALIAS Y F，Li X S，et al. State pressure index for modeling sand behavior [J]. Journal of Geotechnical & Geoenvironmental Engineering，2002，128（6）：511 - 519.

[78]　XIAO Y，LIU H. Elastoplastic constitutive model for rockfill materials considering particle breakage [J]. International Journal of Geomechanics，2016，17（1）：04016041.

[79]　PARKIN A K. Settlement rate behaviour of some fill dams in Australia [C]//Proceeding of the 11th ICSMFE. San Francisco：[s. n.]，1985：2007 - 2010.

[80]　沈珠江，左元明. 堆石料的流变特性试验研究 [C]//第六届土力学及基础工程学术会议论文集 [M]. 上海：同济大学出版社，1991：443 - 446.

[81]　程展林，丁红顺. 堆石料蠕变特性试验研究 [J]. 岩土工程学报，2004，26（4）：473 - 476.

[82]　王海俊，殷宗泽. 堆石流变试验及双屈服面流变模型的研究 [J]. 岩土工程学报，2008，30（7）：959 - 963.

[83]　殷宗泽. 高土石坝的应力与变形 [J]. 岩土工程学报，2009，31（1）：1 - 14.

[84]　姚仰平，黄冠. 考虑堆石料破碎影响的黏弹塑性本构模型 [J]. 工业建筑，2010，40（3）：71 - 76.

[85]　MCDOWELL G R，BONO J D. A new creep law for crushable aggregates [J]. Geotechnique Letters，2013，3（1）：103 - 107.

[86]　王占军，陈生水，傅中志. 堆石料流变的黏弹塑性本构模型研究 [J]. 岩土工程学报，2014，36（12）：2188 - 2194.

[87]　SILVANI C，DÉSOYER T，BONELLI S. Discrete modelling of time - dependent rockfill behavior [J]. International Journal for Numerical & Analytical Methods in Geomechanics，2010，33（5）：665 - 685.

[88]　KONG Y，XU M，SONG E. An elastic - viscoplastic double - yield - surface model for coarse - grained soils considering particle breakage [J]. Computers & Geotechnics，2017，85：59 - 70.

[89]　CHEN W，ZHANG J W，PENG H. Creep properties of rockfill materials with fractal structure in mass [J]. Electronic Journal of Geotechnical Engineering，2014，19：2713 - 2722.

[90]　王振兴，迟世春，王峰. 堆石料流变试验的颗粒破碎研究 [J]. 水利与建筑工程学报，2012，10（5）：103 - 106.

[91]　姜景山，程展林，左永振，等. 粗粒土 CT 三轴流变试验研究 [J]. 岩土力学，2014，35（9）：2507 - 2514.

[92]　ROSCOE K H，Poorooshasb H B. A Theoretical and Experimental Study of Strains in Triaxial Compression Tests on Normally Consolidated Clays [J]. Géotechnique，1963，13（1）：12 - 38.

[93]　蔡正银，丁树云，毕庆涛. 堆石料强度和变形特性数值模拟 [J]. 岩石力学与工程学报，2009，28（7）：1327 - 1334.

[94]　褚福永，朱俊高，殷建华. 基于大三轴试验的粗粒土剪胀性研究 [J]. 岩土力学，2013（8）：2249 - 2254.

[95]　DAFALIAS Y F. Bounding Surface Plasticity. I：Mathematical Foundation and Hypoplasticity [J]. Journal of Engineering Mechanics，1986，112（9）：966 - 987.

[96]　BEEN K，JEFFERIES M G. A state parameter for sands [J]. Géotechnique，1985，35（2）：99 - 112.

[97]　方智荣. 粗粒料三轴试验及本构模型参数反演研究 [D]. 南京：河海大学，2007.

[98] 徐舜华，郑刚，徐光黎. 考虑剪切硬化的砂土临界状态本构模型 [J]. 岩土工程学报，2009，31 (6)：953-958.

[99] 姚仰平，黄冠，王乃东，等. 堆石料的应力—应变特性及其三维破碎本构模型 [J]. 工业建筑，2011 (9)：12-17.

[100] LAGIOIA R，PUZRIN A M，POTTS D M. A new versatile expression for yield and plastic potential surfaces [J]. Computers and Geotechnics，1996，19 (3)：171-191.

[101] 刘萌成，高玉峰，刘汉龙. 堆石料剪胀特性大型三轴试验研究 [J]. 岩土工程学报，2008 (2)：205-211.

[102] 王占军，陈生水，傅中志. 堆石料的剪胀特性与广义塑性本构模型 [J]. 岩土力学，2015 (7)：1931-1938.

[103] 朱俊高，刘忠，翁厚洋，等. 试样尺寸对粗粒土强度及变形试验影响研究 [J]. 四川大学学报（工程科学版），2012，44 (6)：92-96.

[104] 凌华，傅华，韩华强. 粗粒土强度和变形的级配影响试验研究 [J]. 岩土工程学报，2017，39 (s1)：12-16.

[105] VARADARAJAN A，SHARMA K G，VENKATACHALAM K，et al. Testing and modeling two rockfill materials [J]. Journal of Geotechnical & Geoenvironmental Engineering，2003，129 (3)：206-218.

[106] GUPTA A K. Effects of particle size and confining pressure on breakage factor of rockfill materials using medium triaxial test [J]. Journal of Rock Mechanicsand Geotechnical Engineering，2016，8 (3)：378-388.

[107] 郭万里，朱俊高，温彦锋. 对粗粒料4种级配缩尺方法的统一解释 [J]. 岩土工程学报，2016，38 (8)：1473-1480.

[108] DUNCAN J M，CHANG C Y. Nonlinear analysis of stress and strain in soils [J]. Asce Soil Mechanics & Foundation Division Journal. 1970，96 (5)：1629-1653.

[109] DOMASCHUK L，VALLIAPPAN P. Nonlinear settlement analysis by finite element [J]. Journal of the Geotechnical Engineering Division，1975，101.

[110] ROSCOE K H. On the generalised stress-strain behaviour of wet clay [J]. Engineering Plasticity，1968：535-609.

[111] ZIENKIEWICZ O C. Generalized plasticity and some models for geomechanics [J]. Applied Mathematics and Mechanics，1982，3 (3)：303-318.

[112] PASTOR M，ZIENKIEWICZ O C. A generalized plasticity，hierarchical model for sand under monotonic and cyclic loading [C]// Numerical methods in geomechanics. London：Jackson，1986：131-150.

[113] PASTOR M，ZIENKIEWICZ O C，Chan A H C. Generalized plasticity and the modelling of soil behaviour [J]. International Journal for Numerical & Analytical Methods in Geomechanics，1990，14 (3)：151-190.

[114] 罗刚，张建民. 邓肯-张模型和沈珠江双屈服面模型的改进 [J]. 岩土力学，2004，25 (6)：887-890.

[115] 程展林，姜景山，丁红顺，等. 粗粒土非线性剪胀模型研究 [J]. 岩土工程学报，2010，32 (3)：460-467.

[116] 潘家军，程展林，饶锡保，等. 一种粗粒土非线性剪胀模型的扩展及其验证 [J]. 岩石力学与工程学报，2014，33 (s2)：4321-4325.

[117] 张嘎，张建民. 粗颗粒土的应力应变特性及其数学描述研究 [J]. 岩土力学，2004，25 (10)：

1587 – 1591.

[118] 史江伟，朱俊高，王平，等．一个粗粒土的非线性弹性模型 [J]．河海大学学报（自然科学版），2011，39（2）：154 – 160.

[119] 沈珠江．理论土力学 [M]．北京：中国水利水电出版社，2000.

[120] 郑颖人，孔亮．岩土塑性力学 [M]．北京：中国建筑工业出版社，2010.

[121] 陈生水，彭成，傅中志．基于广义塑性理论的堆石料动力本构模型研究 [J]．岩土工程学报，2012（11）：1961 – 1968.

[122] 朱晟，魏匡民，林道通．筑坝土石料的统一广义塑性本构模型 [J]．岩土工程学报，2014（8）：1394 – 1399.

[123] Mcdowell G R, Bolton M D. On the micromechanics of crushable aggregates [J]. Géotechnique, 1998, 50（3）：315 – 318.

[124] 贾宇峰，迟世春，林皋．考虑颗粒破碎影响的粗粒土本构模型 [J]．岩土力学，2009，30（11）：3261 – 3266，3272.

[125] 邹德高，付猛，刘京茂，等．粗粒料广义塑性模型对不同应力路径适应性研究 [J]．大连理工大学学报，2013，53（5）：702 – 709.

[126] 邱亚兵，朱晟．广义塑性模型在面板堆石坝静力计算中的应用 [J]．水电能源科学，2015（6）：63 – 67.

[127] 陈生水，凌华，米占宽，等．大石峡砂砾石坝料渗透特性及其影响因素研究 [J]．岩土工程学报，2019，41（1）：26 – 31.

[128] 蔡正银，茅加峰，傅华，等．NHRI – 4000 型高性能大接触面直剪仪的研制 [J]．岩土工程学报，2010，28（9）：1319 – 1322.

[129] 周小文，龚壁卫，丁红顺，等．砾石垫层-混凝土接触面力学特性单剪试验研究 [J]．岩土工程学报，2005，27（8）：876 – 880.

[130] 马亮．超大型三轴仪试样成型技术研究 [D]．大连：大连理工大学，2015.

[131] 潘家军，程展林，江洎洧，等．大型微摩阻土工真三轴试验系统及其应用 [J]．岩土工程学报，2019，http://kns.cnki.net/kcms/detail/32.1124.TU.20190312.1503.016.html.

[132] 朱俊高，陆阳洋，蒋明杰，等．新型静止侧压力系数试验仪的研制与应用 [J]．岩土力学，2018，39（8）：362 – 367.

[133] 朱俊高，蒋明杰，陆阳洋，等．应力状态对粗颗粒土静止侧压力系数影响试验研究 [J]．岩土力学，2019（3）：827 – 833.

[134] 赵瑞斌，陈静静，毕铭，等．基于 GCTS 空心圆柱扭剪仪的四向振动模拟 SV 波斜入射动力分析 [J]．天津城建大学学报，2017，23（6）：411 – 417.

[135] 孙国亮，孙逊，张丙印．堆石料风化试验仪的研制及应用 [J]．岩土工程学报，2009，31（9）：1462 – 1466.

[136] 张其光，张丙印，孙国亮，等．堆石料风化过程中的抗剪强度特性 [J]．水力发电学报，2016，35（11）：112 – 119.

[137] 陈涛，保其长，王伟，等．冻融循环下堆石料变形特性与抗剪强度试验研究 [J]．水力发电学报，2019，38（3）：135 – 141.

[138] 石北啸，蔡正银，陈生水．温度变化对堆石料变形影响的试验研究 [J]．岩土工程学报，2016，38（z2）：299 – 305.

[139] 程展林，左永振，丁红顺．CT 技术在岩土试验中的应用研究 [J]．长江科学院院报，2011，28（3）：33 – 38.

第 2 章

粗粒土级配的定量描述 ───

目前，无论是考虑了颗粒破碎的本构模型还是特意研究颗粒破碎演化规律的数学模型，基本都只能预测出单个破碎指标随应力或应变状态的变化规律。但是，工程实践要求不仅能够通过应力应变状态预测破碎指标的大小，还能在此基础上进一步推算出具体的级配分布。值得注意的是，"破碎指标"与"级配分布"并不是一一对应的关系：由级配分布可以计算破碎指标，由破碎指标却无法推算出级配分布。换言之，目前的研究仅实现了"应力应变→破碎指标"这一步骤，对于"破碎指标→级配分布"还没有较好的解决方案。笔者认为，其原因在于土体的应力应变和颗粒破碎指标都是用定量的数值表示的，而目前级配分布都只是定性的描述（比如级配曲线和粒组含量），而不是定量的数学表示，因而"定量的"应力应变或破碎指标与"定性的"级配之间无法建立数学关系。

为了解决这一难题，可以先利用级配方程将级配分布定量表示，从而建立"破碎指标→级配分布"的数学关系。目前应用较为广泛的级配方程，比如分形函数[1]，其优点是形式简单，但是描述的曲线形态仅为双曲线形，过于单一；而表达式较为复杂的级配方程，在求解级配参数的过程中又过于烦琐。因此，本章将首先研究粗颗粒土的级配表示方法，寻找一种简单适用的级配方程来表示粗颗粒土的级配分布，并研究该方程的数学性质、总结级配参数的常用取值范围，为建立"破碎指标→级配分布"的数学模型提供理论依据。

2.1 现有级配方程的总结

2.1.1 常见级配曲线形态分类

土体的颗粒级配分布要完整地表示出来，目前的方法是采用级配曲线或者粒组含量。但是，这种方法所表示的级配分布不方便在工程实践与学术研究中进行对比分析，比如，在说明两种土的级配差异时，必须每个粒组分别比较，分析各粒组含量的差异；此外，级配曲线是一种"描述性"的表示方法，而不是"定量"的数学表示，因此无法建立级配分布与破碎指标的对应关系。为了研究粗颗粒土的级配演化规律，准确定量且简单地表述土体级配显得十分必要，级配方程是其中较为可行的一种途径。

所谓级配方程，是将级配曲线的纵坐标 P 表示为横坐标 d 的函数。迄今为止，已有一些级配方程得到了应用，但是所描述的级配曲线形态较为单一。通过对大量土体级配曲线的分析，笔者认为在 P-$\lg d$ 坐标系中，连续级配曲线主要有两种曲线形态：双曲线形和反 S 形，如图 2.1 所示。一个适用性良好的级配方程，应该能够描述出这两种典型的级

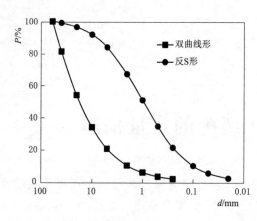

图 2.1　两种典型的级配曲线形态

配曲线形态。

2.1.2　双曲线形

在颗粒破碎分析中经常用到分形理论来描述粗颗粒土的级配分布，比如，陈镠芬等[2]、蔡正银等[3]基于分形理论提出了颗粒破碎分形维数与围压之间的经验公式，Mcdowell[4]和 Einav[5]也认为粗粒土的颗粒破碎存在极限，这一极限级配呈现自相似的特征，可以用分形函数来描述。其中，Talbot等[1]利用分形理论表示的级配方程为

$$P = \left(\frac{d}{d_{\max}}\right)^{3-D} \tag{2.1}$$

式中：D 为分形维数；$d_{\max}$ 为最大粒径。分形函数式（2.1）的优点是简单方便，但是所描述的级配曲线形态单一：在 $P\text{-}\lg d$ 坐标系中，级配曲线形态都为双曲线；这类双曲线在 $\lg P\text{-}\lg d$ 坐标系中都为标准的直线，如图 2.2 所示。

此外，Fuller 等[6]根据试验提出的一种理想级配即最大密度曲线，认为颗粒级配曲线越接近抛物线时，其密度越大，表达式为

$$P = \sqrt{\frac{d}{d_{\max}}} \tag{2.2}$$

Talbot 则认为，实际矿料的级配应允许有一定的波动，表达式为

$$P = \left(\frac{d}{d_{\max}}\right)^{t_a} \tag{2.3}$$

式中：t_a 为级配指数，一般取 $t_a=0.3\sim0.6$ 时，有较好密实度，当 $t_a=0.5$ 时即为 Fuller 提出的最大密度曲线。

显然，式（2.2）和式（2.3）在本质上与分形函数式（2.1）相同，都只能描述双曲线形的级配曲线。

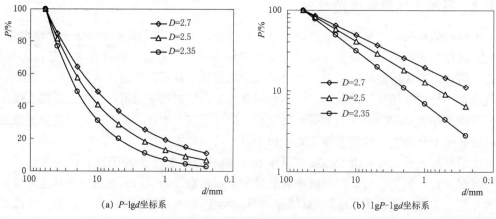

(a) $P\text{-}\lg d$ 坐标系　　　　　　　　(b) $\lg P\text{-}\lg d$ 坐标系

图 2.2　分形函数的曲线形态

2.1.3 反S形

Swamee等[7]提出了天然泥沙的级配曲线方程为

$$P=\left[\left(\frac{d_*}{d}\right)^{\frac{W}{S_a}}+1\right]^{-S_a} \tag{2.4}$$

式中：W 为双对数坐标系中泥沙级配曲线中间段变化斜率；S_a 为渐变系数（或称为拟合系数）；d_* 为（双对数坐标系中）级配曲线的中间段直线的延长线与 $P=100\%$ 的横坐标交点对应的粒径，如图2.3所示。

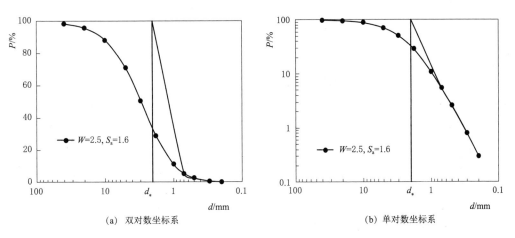

(a) 双对数坐标系   (b) 单对数坐标系

图2.3　Swamee级配方程曲线形态

Rosin[8]提出的级配方程为

$$P=1-\exp\left[-(d/X)^Y\right] \tag{2.5}$$

式中：X 和 Y 为拟合参数。

图2.4给出了式（2.5）所能描述的典型的级配曲线，显然，该曲线为反S形。

从数学的角度分析，式（2.4）和式（2.5）都具有两条渐近线，即 $P=0$ 和 $P=100\%$；无论参数取何值，当 d 趋向于0时，P 趋向于0；d 趋向于正无穷时，P 趋向于100%。

因此，式（2.4）和式（2.5）的局限性在于其所描述的级配曲线形态都是反S形；此外，最大粒径 d_{max} 是粗颗粒土级配的重要指标之一，但是通过式（2.4）和式（2.5）

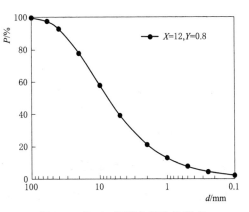

图2.4　Rosin级配方程曲线形态

无法直接得到最大粒径，即通过级配方程本身的参数无法获取最大粒径，且基于以上分析，$P=100\%$ 所对应的最大粒径 d_{max} 在数学上是不存在的，这一点在实际运用时较为不便。

2.2　级配方程的提出与验证

2.2.1　级配方程的提出

通过 2.1 节中对现有典型级配方程优缺点的分析，笔者认为一个适用性良好的级配方程应该至少满足以下两个条件[9-13]：①能够描述出双曲线形和反 S 形这两种典型的级配曲线形态；②能够直接反映土体的最大粒径，即方程在 $d=d_{\max}$ 时所对应的 P 值应等于 100%。因此，笔者构造了如下关系式：

$$P=\cfrac{1}{(1-a)\left(\cfrac{d_{\max}}{d}\right)^{m}+a} \tag{2.6}$$

式中：$d_{\max}$ 为最大粒径，mm；a 和 m 为拟合参数，以下称级配参数。

为了展示式（2.6）对级配曲线的反应能力，现选定 $d_{\max}=60$mm，对参数 a 及 m 分别取不同的值为 $m=0.7$，a 为 0.25、0.6、0.75、0.90 和 0.95，在 P-$\lg d$ 平面画出其曲线，如图 2.5（a）所示；$a=0.95$，m 为 0.5、0.6、0.8、1.0 和 1.2，如图 2.5（b）所示。

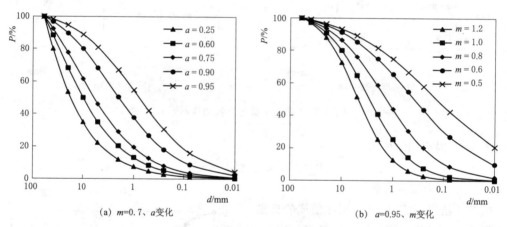

图 2.5　本书级配方程曲线形态

由图 2.5 可见，所绘制的 10 条级配曲线中，既包含了双曲线形，又包含了反 S 形，且最大粒径 $d_{\max}$ 能够直接从方程中获取。综上可得，可以初步断定，本书提出的级配方程式（2.6）能够反映出不同形态的级配曲线，且能直观地表示出最大粒径 $d_{\max}$，与现有的几个级配方程相比具有一定的优越性。

2.2.2　级配参数的确定方法

现有土体的级配分布都是用级配曲线表示的，将级配曲线表示为本书的级配方程时，要确定式（2.6）中的三个参数，即 $d_{\max}$、a 和 m。一般而言，最大粒径 $d_{\max}$ 为已知参数，实际上只需要确定另外 2 个参数 a 和 m。主要有如下 3 种方法。

方法 1 是最优化拟合。在 P-$\lg d$ 坐标系中的级配曲线上拾取若干点，得到一系列 P_i-d_i 值，再利用 Matlab、origin 等工具软件对方程式（2.6）进行优化拟合，求出待定

参数 a 和 m。

方法 2 可以称为特征粒径法,即在级配曲线上选择两个特征点,然后代入式(2.6)联立方程求解。该方法相当于只利用两个点来拟合方程,因此显而易见的缺点是求出的参数在精度上略显不足。理论上有无数组特征点可以选择,但是对于粗粒土而言,在级配曲线上根据某些特征粒径可以大致评估土的级配好坏,其中最常见的两个粒径为有效粒径 d_{10} 和限制粒径 d_{60}。因此,建议选择(d_{10},10%)和(d_{60},60%)作为特征点,则求解参数的方程组为

$$\left.\begin{array}{c} \dfrac{1}{(1-a)\left(\dfrac{d_{max}}{d_{10}}\right)^m + a} = 10\% \\[6mm] \dfrac{1}{(1-a)\left(\dfrac{d_{max}}{d_{60}}\right)^m + a} = 60\% \end{array}\right\} \tag{2.7}$$

显然,若利用特征点坐标联立方程组的方法求参数 a 和 m,则拟合出的曲线必然通过所选的两个特征点,因此方法 2 的优点在于可以保证拟合曲线的某些特征粒径与原级配曲线保持一致,推荐在要求保证特征粒径在拟合前后严格不变的情况下使用。

方法 3 为特征指标法。在对粗粒土的级配进行分析时,经常用到两个指标来判断级配分布良与不良,即不均匀系数 C_u 和曲率系数 C_c,它们的定义为

$$C_u = \frac{d_{60}}{d_{10}} \tag{2.8}$$

$$C_c = \frac{(d_{30})^2}{d_{10} d_{60}} \tag{2.9}$$

因此,可以选择 C_u 和 C_c 作为联立方程的条件来求解 a 和 m,根据式(2.6)、式(2.8)和式(2.9),关于 C_u 和 C_c 的方程组可以表示为

$$\left.\begin{array}{c} C_u = \left[\dfrac{6(1-0.1a)}{1-0.6a}\right]^{\frac{1}{m}} \\[6mm] C_c = \left[\dfrac{3(1-0.1a)(1-0.6a)}{2(1-0.3a)^2}\right]^{\frac{1}{m}} \end{array}\right\} \tag{2.10}$$

显然,方法 3 的优点是可以保证级配方程所表示的不均匀系数 C_u 和曲率方程 C_c 与原级配曲线相同,推荐在要求 C_u 和 C_c 在拟合前后严格保持不变的情况下使用。

为了分析以上 3 种方法对土体级配曲线的拟合效果,现以 3 种土的级配曲线为例,各土体级配的特征粒径和指标见表 2.1。

表 2.1 三种粗粒土的特征参数

土料	d_{max}/mm	d_{10}/mm	d_{30}/mm	d_{60}/mm	C_u	C_c
A	100	0.54	9.6	41.5	76.8	4.11
B	20	0.10	0.28	0.72	7.2	1.09
C	200	2.3	18.9	61.2	26.6	2.54

A、B 和 C 这 3 种土料的级配曲线都是由筛分试验所得，分别利用上述 3 种方法对 3 种土料的级配曲线进行拟合，得到的级配参数 a 和 m 代入级配方程式（2.6），绘制出了 3 种方法得到的级配曲线，如图 2.6 所示。

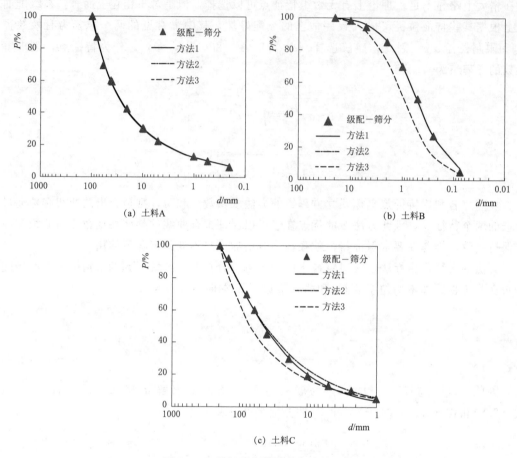

图 2.6　3 种级配参数确定方法的比较

图 2.6 的拟合结果与此前的理论分析保持一致，即利用优化拟合的效果最好，拟合曲线与原曲线能够基本重合，普遍适用各种级配的粗粒土；利用特征粒径法联立方程求解参数，拟合曲线的效果次之，其特点是拟合之后的曲线 d_{10} 和 d_{60} 保持不变；而利用特征指标法求解参数，对部分级配的粗粒土，拟合曲线与原曲线之间存在一定差异，拟合效果最差。

综上所述，最优化拟合的方法适用于各种土体，且得到的级配参数对于原级配曲线的描述效果较好，几乎能够代替原级配曲线，实现了对级配曲线的数学描述。同时，需要指出的是，本书后面所用到的级配参数都是采用最优化法获得。

2.2.3　适用性验证

为了进一步验证本书的级配方程对于实际土体级配的适用性，利用式（2.6）对国内土石坝工程中应用的几种堆石料、过渡料和反滤料级配曲线进行拟合，如图 2.7 所示，得到的各土料的级配参数见表 2.2。其中，堆石料包括双江口堆石料、糯扎渡堆石料和两河

口堆石料[9]，如图 2.7（a）所示；过渡料包括两河口过渡料[14]、双江口过渡料[9]和毛尔
盖过渡料[15]，如图 2.7（b）所示；反滤料包括双江口反滤料[9]、毛尔盖反滤料[15]和黄金
坪反滤料[15]，如图 2.7（c）所示。

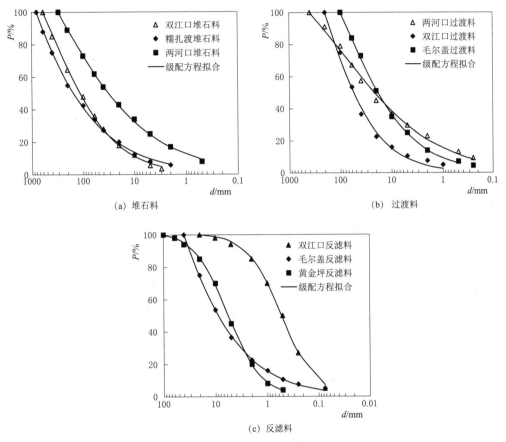

图 2.7　国内土石坝所用粗粒料举例

另外，对国外土石坝工程中所用到的堆石料的级配也进行了拟合，土料为英非尔尼罗
坝、蒙谢尼坝和格伯奇坝堆石料[16]，如图 2.8 所示，拟合得到的级配参数见表 2.2。

表 2.2　　　　　　　　　国内外土石坝工程所用粗粒土的级配参数

土　料	d_{max}/mm	a	m	R^2
糯扎渡堆石料	800	0.236	0.508	0.997
双江口堆石料	600	0.568	0.723	0.996
两河口堆石料	300	0.446	0.458	0.997
两河口过渡料	400	0.674	0.481	0.998
双江口过渡料	200	0.447	0.804	0.999
毛尔盖过渡料	100	0.521	0.668	0.998
黄金坪反滤料	100	0.978	1.340	0.996

续表

土　料	$d_{\max}/\text{mm}$	a	m	R^2
毛尔盖反滤料	40	0.306	0.589	0.995
双江口反滤料	20	0.991	1.311	0.992
英非尔尼罗坝堆石料	400	0.643	0.754	0.991
蒙谢尼坝堆石料	1000	−0.284	0.559	0.983
格伯奇坝堆石料	1000	0.017	0.397	0.976

由图 2.7 和图 2.8 可见，式（2.6）的拟合曲线与国内外实际工程中所用到的粗颗粒土的级配曲线基本重合；且拟合相关系数 R^2 都达到 0.97 以上，见表 2.2。一方面，说明级配方程式（2.6）对土体的级配曲线描述能力较好；另一方面，说明在土石坝工程中的各种粗粒料，其级配分布比较规律，即级配曲线较为光滑，适合利用级配方程来进行描述。

进一步地，对粒径更小的砂土甚至黏土的级配分布也进行了拟合，如图 2.9 所示。得到的级配参数见表 2.3。

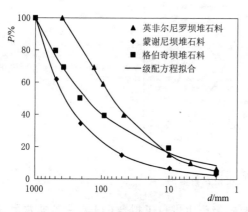

图 2.8　国外土石坝所用粗粒料举例

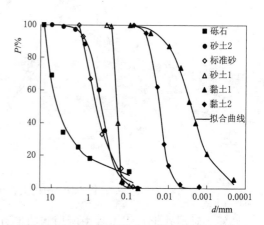

图 2.9　级配方程对砂土和黏土的适用性验证

表 2.3　　　　　　　　　　　几种砂土和黏土的级配参数

土　料	$d_{\max}/\text{mm}$	a	m	$\lg d_{\max} - \lg d_{10}$
砾石[17]	16	−3.364	0.26	1.87
含砾砂[18]	10	0.999	2.38	1.67
标准砂[19]	2	0.708	1.43	1.05
砂土 1[20]	0.4	0.999	11.46	0.35
黏土 1[21]	0.1	0.993	1.37	2.27
黏土 2[22]	0.08	0.993	3.26	0.95

综上可得，式（2.6）对各种不同级配的土料都具有较好的拟合效果，即该方程适用

性较好，能够用来定量描述粗颗粒土的级配分布。因此，利用级配方程的参数来定量表示粗粒土的级配分布是可行的。

2.3 级配方程的性质

2.3.1 一般土体级配参数取值范围

毫无疑问，级配参数代表的是粗颗粒土的级配分布，而粗颗粒土的级配在较大程度上决定了其力学性质。因此，必须对参数取值范围有准确了解，从而在应用时能够快速地判断得到的级配参数是否合理。

首先，级配参数 a 和 m 中的参数 a 不能等于 1，若 $a=1$，此时式（2.6）变为 P 恒等于 100%，无法用来描述 $P-d$ 的关系。

其次，根据级配曲线的性质，对于任意一条级配曲线，P 是 d 的增函数，而且，由于式（2.6）仅用于表示连续级配土，因此，根据式（2.6）确定的 P 对 d 的偏导数应大于 0，可以表示为

$$\frac{\partial P}{\partial d} = \frac{m(1-a)d^{m-1}d_{\max}^m}{\left[(1-a)d_{\max}^m + ad^m\right]^2} > 0 \tag{2.11}$$

由于式（2.11）中的其他因式都恒大于 0，因此，式（2.11）只需满足 $m(1-a)>0$ 即成立。则 m 和 a 的取值范围组合有如下两种组合：①$m<0$ 和 $a>1$（第一种组合）；②$m>0$ 和 $a<1$（第二种组合）。下面对这两种可能的参数组合进行详细讨论。

（1）参数取值范围为 $m<0$ 和 $a>1$。

从数学的角度分析，当 d 逐渐变小趋向于 0 时，$(d_{\max}/d)$ 趋向于正无穷，若 $m<0$，则 $(d_{\max}/d)^m$ 趋向于 0，则 P 逼近于 $1/a$，即 $P=1/a$ 是级配曲线 $P-d$ 的渐近线，且逼近速度与 m 的绝对值成正比。虽然土颗粒的粒径不会趋于 0，但是在粒径 d 较小时 $(d_{\max}/d)^m$ 已足够小，P 依然逼近于 $1/a$。现以 $m<0$ 且 $a>1$ 的几条级配曲线为例，如图 2.10 所示。

由图 2.10 可见，此类级配曲线的特点为前陡后缓，当 m 相同时（如 $m=-0.5$，a 分别为 40 和 3），曲线以 $P=1/a$ 为渐近线，且逼近于渐近线的速度相同；当 a 相同时（如 $a=40$，m 分别为 -0.5、-0.1 和 -0.04），曲线逼近于同一渐近线，逼近速度与 m 的绝对值成正比。

值得注意的是，若 a 取值太小，则级配曲线悬挂于渐近线 $P=1/a$ 之上，如图 2.10 中 $a=3.0$ 时的曲线，这说明小粒径的颗粒含量无法表示出来。因此，a 的取值应尽量偏大，而此时级配曲线则会过于陡峭，如图 2.10 中 $a=40$、$m=-0.5$ 时的曲线。唯一可能合理的情况是 a 值较大（大于 10），m 为负且绝对值较小（绝对值小于 0.1），如图 2.10 中 $a=40$ 且 $m=-0.04$ 时的曲线，此时级配曲线依然以 $P=1/a=2.5\%$ 为渐近

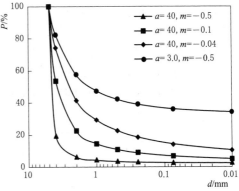

图 2.10　$m<0$ 和 $a>1$ 时级配曲线的形态

线，但截取趋向于渐近线之前的曲线段作为级配曲线显得比较合理。

用式（2.6）来描述粗粒土时，若以 $C_u > 5$ 且 $C_c = 1 \sim 3$ 作为级配曲线合理的标准，经过理论计算，在 $m < 0$ 且 $a > 1$ 的范围内，能够满足这一标准的参数组合极少。因此，在该范围内，式（2.6）不具有广泛适用性，不建议在该范围内取值。

（2）参数取值范围为 $m > 0$ 和 $a < 1$。

对大多数的级配曲线研究表明，d_{60}、d_{30}、d_{10} 是级配曲线的重要特征粒径，要从曲线上直接读取这些粒径，则级配曲线 P 值在常用的粒径跨度范围内（$10^{-4} \sim 10^3$ mm）至少要小于 10%，如图 2.11 中的 C 类曲线则不符合。一般而言，曲线与 $P = 10\%$ 的交点处的粒径 d_{10} 与最大粒径 d_{max} 的距离（$\lg d_{max} - \lg d_{10}$）太小，则会出现 C 类曲线；距离太大则会出现 B 类曲线。

为了避免这两类曲线的出现，现用（$\lg d_{max} - \lg d_{10}$）作为衡量指标。理论上，m 可以趋于正无穷大，a 可以趋于负无穷大。参数 m 和 a 决定了曲线陡峭或平缓的形态，逆向地，研究常见的级配曲线形态则能够得到参数常见的取值范围。对土石坝堆石料，其最大粒径可能达 1000mm；对黏土，最小（界限）粒径颗粒为胶粒 0.002mm，由于有些黏土的胶粒含量较多，级配曲线也会反映（$d < 0.002$mm）这个粒组，但所描述的粒径一般不小于 0.0001mm。可见，级配曲线所描述的常用粒径跨度为 $10^{-4} \sim 10^3$ mm。因此，对一般土体，如限定 $\lg d_{max} - \lg d_{10} < 7$，则可以避免 B 类曲线。

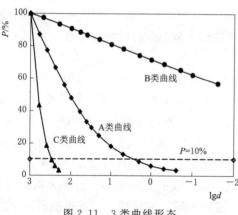

图 2.11　3 类曲线形态

此外，还有一类土，其颗粒比较均匀，即 d_{max} 与 d_{10} 相差较小，级配曲线陡峭，如图 2.11 中的 C 类曲线。那么，曲线陡到什么程度就不常见了？对土体，规范《土的工程分类标准》（GB/T 50145）规定了粒组范围为 200mm、60mm、20mm、5mm、2mm、0.5mm、0.25mm、0.075mm、0.005mm；在《土工试验方法标准》（GB/T 50123）[23] 中，颗粒分析试验则采用孔径为 60mm、40mm、20mm、10mm、5mm、2mm、1mm、0.5mm、0.25mm、0.075mm 土工筛。上述两组粒径中，相邻两个粒径比值最小者为 60/40 = 1.5。也就是对一般用粒组衡量或筛分测定级配的土，即使颗粒很均匀，$\lg d_{max} - \lg d_{10} \geqslant \lg 1.5 = 0.18$。

因此，可以认为 $\lg d_{max} - \lg d_{10}$ 最小等于 0.18，可以避免 C 类曲线。现约定：$0.18 < (\lg d_{max} - \lg d_{10}) < 7$ 时方程表示的级配曲线是常见的形态。

对式（2.6）取对数，可以将方程变形为

$$\lg d = \lg d_{max} + \frac{1}{m} \lg \frac{P(1-a)}{1-Pa} \tag{2.12}$$

将 $P = 10\%$ 代入式（2.12）可得

$$\lg d_{max} - \lg d_{10} = -\frac{1}{m} \lg \frac{0.1(1-a)}{1-0.1a} \tag{2.13}$$

因此，$0.18<(\lg d_{max}-\lg d_{10})<7$ 可以表示为关于 m 和 a 的不等式：

$$0.18<-\frac{1}{m}\lg\frac{0.1(1-a)}{1-0.1a}<7 \tag{2.14}$$

解不等式组式（2.14）所得到的参数范围如图 2.12 所示，m 和 a 的范围是由 $(\lg d_{max}-\lg d_{10})=7$ 和 $(\lg d_{max}-\lg d_{10})=0.18$ 两条曲线所围成的区域。其中，曲线 $(\lg d_{max}-\lg d_{10})=7$ 几乎与 a 轴重合，说明级配曲线基本都能满足该条件，可不作讨论；则 m 和 a 的范围主要由曲线 $(\lg d_{max}-\lg d_{10})=0.18$ 决定。实际上，$(\lg d_{max}-\lg d_{10})=0.18$ 是一条无界限的曲线，图 2.12 绘制的则是其中 $-4<a<1$ 的部分作为示意图；同时，根据表 2.2 和表 2.3 中多种实际土体级配参数的总结，该区域基本能够覆盖一般土体级配参数的取值范围。

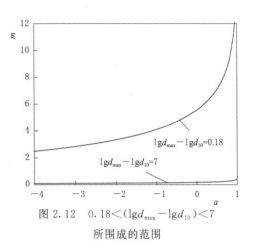

图 2.12　$0.18<(\lg d_{max}-\lg d_{10})<7$ 所围成的范围

2.3.2　粗粒土的级配参数范围

由图 2.12 可知，当参数 a 和 m 落在靠近曲线 $(\lg d_{max}-\lg d_{10})=0.18$ 的区域时，说明级配曲线很陡，而实际上，粗粒土的级配曲线不会过于陡峭，换言之，图 2.12 中的一般土体的级配参数范围对于粗粒土而言过于宽泛。因此，下面通过对粗粒土各种级配参数的总结，给出合理的建议范围。

对粗粒土而言，规范规定 $C_u>5$，$C_c=1\sim3$ 作为级配良好的条件，即

$$\left.\begin{array}{l}C_u=\left(\dfrac{6(1-0.1a)}{1-0.6a}\right)^{\frac{1}{m}}>5\\[3mm]1<C_c=\left[\dfrac{3(1-0.1a)(1-0.6a)}{2(1-0.3a)^2}\right]^{\frac{1}{m}}<3\end{array}\right\} \tag{2.15}$$

当 $a<1$ 时，不难得出 $3(1-0.1a)(1-0.6a)-2(1-0.3a)^2=1-0.9a>0$，因此

$$\frac{3(1-0.1a)(1-0.6a)}{2(1-0.3a)^2}>1 \tag{2.16}$$

由指数函数的性质：底数大于 1、指数大于 0 时，则函数值恒大于 0。因此，$C_c>1$ 恒成立，故 m 和 a 实际只需满足 $C_u>5$ 和 $C_c<3$ 即可满足式（2.15）；此外，显然有 $d_{60}>d_{10}$，则 $C_u>1$ 也是恒成立。

由式（2.15）可以推导出 C_u 和 C_c 分别对 a、m 的偏导数，在 $m>0$、$a<1$、$C_u>1$ 且 $C_c>1$ 的前提下，偏导数的正负性如下：

$$\left.\begin{array}{l}\dfrac{\partial C_u}{\partial a}=\dfrac{C_u}{m}\cdot\dfrac{0.5}{(1-0.1a)(1-0.6a)}>0\\[3mm]\dfrac{\partial C_u}{\partial m}=-\dfrac{C_u}{m}\cdot\ln C_u<0\end{array}\right\} \tag{2.17}$$

$$\frac{\partial C_c}{\partial a}=\frac{C_c}{m}\cdot\frac{-0.1(1+0.9a)}{(1-0.1a)(1-0.3a)(1-0.6a)}\begin{cases}<0,a>-1.11\\>0,a<-1.11\end{cases}$$

$$\frac{\partial C_c}{\partial m}=-\frac{C_c}{m}\cdot\ln C_c<0 \tag{2.18}$$

根据式（2.17）和式（2.18）可得到 C_u 和 C_c 对 a 和 m 的偏导数的正负值，现用"＋"表示增函数，"－"表示减函数，可分别得到当 m 不变时，C_u 和 C_c 随 a 的变化规律；当 a 不变时，C_u 和 C_c 随 m 的变化规律，见表 2.4。

表 2.4 　　　　　　　　　　　C_u 和 C_c 随 a 和 m 的变化关系

参数	m 不变			m 变
	$a<-1.11$	$a=-1.11$	$-1.11<a<1$	a 不变
C_u	＋	＋	＋	－
C_c	＋	极大值	－	－

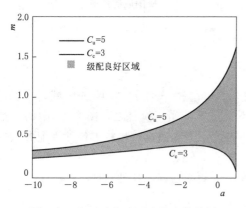

图 2.13　级配良好所对应的参数范围

图 2.13 给出了 $C_u=5$ 和 $C_c=3$ 的两条曲线，则两条曲线所围成的区域即是满足式（2.15）的参数取值范围，即级配良好的参数取值区域如图 2.13 所示。由表 2.4 可知，当 m 不变时，C_c 在 $a=-1.11$ 处出现极大值，图 2.13 中 $C_c=3$ 的曲线也反映了该规律；当 a 不变时，C_u 和 C_c 都是 m 的减函数，则 $C_u>5$ 的曲线在 $C_u=5$ 的下方，而 $C_c<3$ 的曲线在 $C_c=3$ 的上方。

图 2.13 显示，当 $a<-10$ 时，在级配良好的参数区域内，随着 a 的减小，$C_u=5$ 和 $C_c=3$ 的两条曲线逐渐靠近，这表示此时级配虽然仍满足 $C_u>5$ 和 $1<C_c<3$，但实际上已经接近于 $C_u=5$ 且 $C_c=3$ 的临界状态，这种级配在实际工程中是比较少见的，因此 a 的范围在此处只画出了 $-10<a<1$ 的部分。

前文已推导了一般土体级配的参数范围在理论上无法给出具体范围，进一步地，为了总结工程中常用粗粒料的级配参数范围，现给出部分中国土石坝工程中应用的堆石料、反滤料和过渡料[1] 的级配参数分布图，如图 2.14 所示。

从图 2.14 中可以看出一个显著的规律，代表实际工程中粗粒料级配的散点基本都分布在 $-2<a<1$、$0<m<2$ 的区域。但一般而言，在 $-2<a<1$、$0<m<2$ 的区域内包括了级配良好和级配不良的两种情况，且这一区域与一般土体的常用参数范围相比是一个比较集中的范围，如图 2.15 所示。

综上所述，粗粒土的常用级配参数范围为 $-2<a<1$、$0<m<2$。通过调整参数 a 和 m 的组合，可以实现级配曲线形态、特征粒径与 C_u、C_c 的变化，基本能够满足实际工程以及室内试验对粗粒料级配的需要。

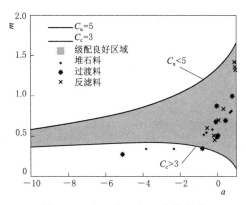

图 2.14　各种粗粒料的参数分布

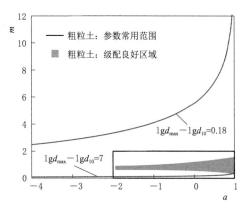

图 2.15　粗粒土与一般土体的
常用级配参数区域对比

2.3.3　级配曲线形态与参数的关系

级配曲线一般绘制在 P-$\lg d$ 坐标系下，为了研究级配曲线的形态与参数之间的关系，需要将式（2.6）转换成 P 与 $\lg d$ 的方程，如式（2.12）。由于 P 对 $\lg d$ 求导数较为烦琐，不妨转为研究 $\lg d$-P 曲线，曲线形态与参数之间的规律与 P-$\lg d$ 曲线保持不变。$\lg d$ 对 P 的一阶导数为

$$\frac{\partial(\lg d)}{\partial P}=\frac{1}{(m\ln 10)P(1-Pa)}>0 \tag{2.19}$$

$\lg d$ 对 P 的二阶导数为

$$\frac{\partial^2(\lg d)}{\partial^2 P}=\frac{2Pa-1}{(m\ln 10)P^2(1-Pa)^2} \tag{2.20}$$

数学上，二阶导数为 0 的点对应曲线的反弯点。由于级配曲线的区间为 $0<P\leqslant 100\%$，当 $0.5<a<1$ 时，反弯点在 $0<P\leqslant 100\%$ 内，级配曲线呈现出反 S 形，如图 2.16 所示，$a=0.95$ 的 $\lg d$-P 曲线，反弯点为 $P=52.6\%$，在 $0<P\leqslant 100\%$ 的范围内 P-$\lg d$ 为反 S 形。

$0<a\leqslant 0.5$ 时，$P=1/2a>100\%$，反弯点超出了级配曲线的考虑范围，因此在 $0<P\leqslant 100\%$ 内的级配曲线是整体反 S 曲线的一部分，呈现为双曲线形，如图 2.16 中

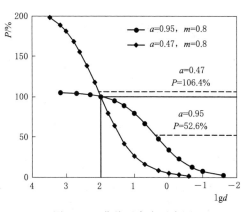

图 2.16　曲线反弯点示意图

$a=0.47$ 的曲线，P-$\lg d$ 曲线整体为反 S 形，反弯点为 $P=106.4\%$，在 $0<P\leqslant 100\%$ 的部分为双曲线形。

$a<0$ 时，在 $0<P\leqslant 100\%$ 的区间内，$(2Pa-1)<0$ 恒成立，$\lg d$ 对 P 二阶导数恒小于 0，曲线不存在反弯点，为双曲线形。

综合可得，从理论上讲 $0.5<a<1$ 时，级配曲线为反 S 形；$a\leqslant 0.5$ 时，级配曲线为双曲线形。在 $0.18<\lg d_{max}-\lg d_{10}<7$ 所围成的常见参数取值范围内，两种级配曲线形态所对应的取值区域如图 2.17 所示。

进一步地，在 $0.5<a<1$ 的范围内，当 a 靠近 0.5 时，虽然级配曲线是反 S 形，但是如图 2.18 所示的三条级配曲线，m 都为 0.8，$a=0.7$ 时，反弯点在 $P=71.4\%$（虚线所示），肉眼看级配曲线仍像双曲线。相反，对 a 为 0.85 和 0.95 的级配曲线，其反弯点对应 $P=58.8\%$ 和 $P=52.6\%$，这时，反 S 形态比较明显。可见，在 $0.5<a<1$ 的范围内，a 越大，反弯点越靠近 $P=50\%$，则级配曲线的反 S 形态越明显。

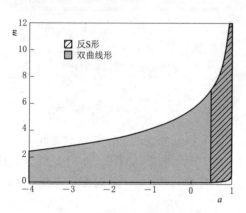

图 2.17　典型曲线形态对应的参数范围　　图 2.18　反 S 形态的显著性随 a 的变化示意图

综上可得，粗粒土的级配参数常用取值范围为 $-2<a<1$、$0<m<2$，参数 a 决定了级配曲线的形态：$0.5<a<1$ 时，级配曲线为反 S 形；$a\leqslant 0.5$ 时，级配曲线为双曲线形，且 a 越靠近 1，级配曲线的反 S 形态越明显。

2.4　级配方程的应用

2.4.1　根据级配特征值进行配料计算

室内试验或利用 PFC3D 进行离散元分析时所用的土料是经过特定设计或是在现场级配基础上进行缩尺得到的，传统的配料计算需要先试画出一条初始的级配曲线，插值得到 d_{10} 和 d_{60} 等特征粒径，并且验算 C_c、C_u 等指标是否符合要求，然后不断调整初始曲线，直到各个特征值满足设计要求，显然，该过程较为烦琐。利用本书提出的级配方程式 (2.6)，通过直接联立方程组的方法直接求解级配参数，可以简化计算。

（1）已知特征值，设计特定的级配。

粗颗粒土的级配特征值包括不均匀系数 C_u、曲率系数 C_c、有效粒径 d_{10}、平均粒径 d_{50}、控制粒径 d_{60}，以及 P_5（5mm 粒径通常被作为粗颗粒和细颗粒的分界点，P_5 表示粒径 5mm 在级配曲线上对应的百分比）等。以文献 [24] 的设计级配为例，$C_u=20$，需要得到 C_c 分别为 1.5、2.0、2.6 和 3.2 的级配，其中以 $C_c=1.5$ 为例，联立关于 C_u 和 C_c 的方程组可得

$$C_u = \left[\frac{6(1-0.1a)}{1-0.6a}\right]^{\frac{1}{m}} = 20$$

$$C_c = \left[\frac{3(1-0.1a)(1-0.6a)}{2(1-0.3a)^2}\right]^{\frac{1}{m}} = 1.5$$

$$\left.\right\} \tag{2.21}$$

解式（2.21）可得到 $a=0.599$，$m=0.726$。同理，可以得到其他设计级配的参数，见表 2.5。将表 2.5 中得到的参数 a 和 m 代入式（2.6）可得到设计的级配曲线，如图 2.19 所示，4 条级配曲线都满足 $C_u=20$ 的要求，且 C_c 分别为 1.5、2.0、2.6 和 3.2。即利用级配方程，只需通过求解方法组，即可快速得到满足设计的级配曲线。

表 2.5　　　　　　　　　　　固定 C_u 和 C_c 的级配参数

级配特征值（已知）		级配参数（求解）	
C_u	C_c	a	m
20	1.5	0.599	0.726
20	2.0	-0.0433	0.591
20	2.6	-1.06	0.467
20	3.2	-2.52	0.366

（2）已知特征值区间，设计一系列不同级配。

研究反滤料的渗透性时，通常需要设计一系列不同的级配土料来进行对比试验。比如，某反滤料最大粒径 $d_{max}=60mm$，要求小于 5mm 的颗粒含量 $P_5=45\%\sim65\%$，在此基础上，需要设计出 $C_c=1.6$，C_u 变化的几组级配土料，则可以建立关于参数 m 和 a 的不等式组为

$$45 < \frac{100}{(1-a)\left(\frac{60}{5}\right)^m + a} < 65$$

$$C_c = \left[\frac{3(1-0.1a)(1-0.6a)}{2(1-0.3a)^2}\right]^{\frac{1}{m}} = 1.6$$

$$\left.\right\} \tag{2.22}$$

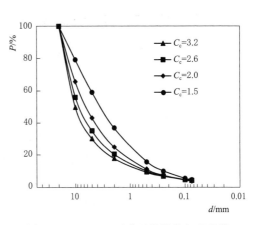

图 2.19　$C_u=20$ 时满足设计的级配曲线

将式（2.22）表示的曲线绘制在 $a-m$ 平面上，如图 2.20 所示。

图 2.20 中，曲线 $C_c=1.6$ 被曲线 $P_5=45\%$ 和 $P_5=65\%$ 所夹成的曲线段是满足式（2.22）的参数解集，在该曲线段上任选了 5 个参数点，得到的 C_u 从左到右分别为 34.0、40.2、52.0、71.9 和 130.5，参数（a，m）坐标值为（0.76，0.50）、（0.72，0.54）、（0.68，0.57）、（0.64，0.60）和（0.61，0.62）。将所选的 5 个参数点所代表的方程绘制成级配曲线，如图 2.21 所示，即是满足 $P_5=45\%\sim65\%$，$C_c=1.6$，而 C_u 变化的系列级

配。同理，亦可得到 C_u 不变而 C_c 变化的系列级配曲线。

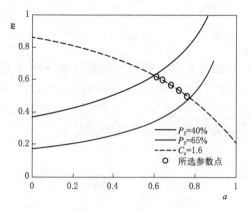

图 2.20　满足设计条件的级配参数解集

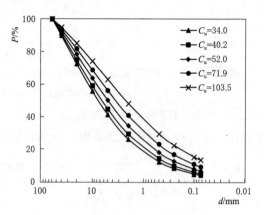

图 2.21　满足设计要求的系列级配曲线

经过上述两个室内试验设计特定级配的例子可以发现，一方面，其级配参数的范围依然分布在 $-2<a<1$、$0<m<2$ 的区域（特别地，表 2.5 中所设计的 $C_u=20$、$C_c=3.2$ 时属于级配不良的情况，此时 $a=-2.52$ 超出了 $-2<a<1$ 的范围）；另一方面，级配方程可以较为方便地应用于室内试验、离散元分析、实际工程等条件下的级配设计。

2.4.2　根据缩尺方法进行配料计算

一直以来，粗粒料力学性质参数的准确性都是工程界关注的重点[25-30]，特别是随着大型机械的应用和施工技术的发展，超径粗粒料的应用已非常普遍，这无疑加大了试验获取粗粒料特性参数的难度[31-35]。目前，堆石坝中使用的粗粒料，最大粒径一般为 $600\sim800\text{mm}$，在水布垭、洪家渡、三板溪等工程中颗粒最大粒径达到了 1200mm[25-26]，而室内试验所允许的最大粒径一般为 60mm，因此必然要对粗粒料的现场级配进行缩尺，然后将缩尺后的级配作为试验用料级配[36-42]。

规范推荐的缩尺方法有剔除法、相似级配法、等量替代法以及混合法。本节的研究重点是通过理论推导得到这四种方法缩尺后级配方程的新参数 $d_{\max}$、a、m 与原级配参数之间的关系，然后选择最合适的缩尺方法应用于室内试验以便获取土体的破碎参数。其中，规范建议的剔除法示意图如图 2.22（a）所示，其特征为

$$\frac{\Delta P_i}{\Delta P_{0i}}=\frac{100}{P_{d\max}^0} \tag{2.23}$$

式中：ΔP_i 为剔除后某粒组含量，$\%$；ΔP_{0i} 为原级配某粒组含量，$\%$。

相似级配法是将原级配粒径按相同的比例缩小，对应的百分含量保持不变，如图 2.22（b）所示。等量替代法是将超径料用粗粒料（$5\text{mm}\sim d_{\max}$）代替，如图 2.22（c）所示，其特征为

$$\frac{\Delta P_i}{\Delta P_{0i}}=\frac{100-P_5}{P_{d\max}^0-P_5} \tag{2.24}$$

混合法是在相似级配法和等量替代法的混合，即先利用相似级配法将最大粒径减小为

$d_{\text{max}1}$，然后在利用等量替法进行缩尺，其示意图如图 2.22（d）所示。

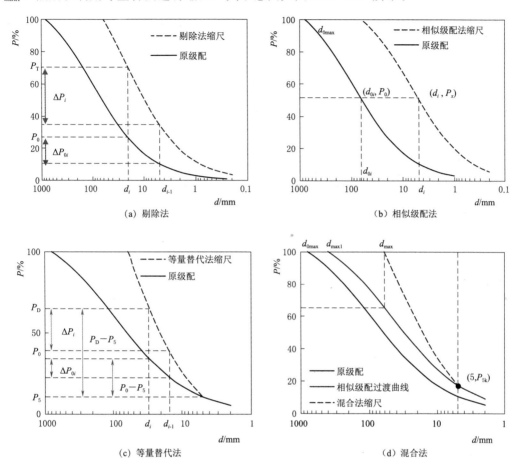

图 2.22 四种缩尺方法示意图

本节将以规范建议的计算方法为基础，推导出缩尺前后级配方程参数间的关系式。根据本书的级配方程式（2.6），原状土的级配曲线可以表示为

$$P_0 = \frac{100}{(1-a_0)\left(\dfrac{d_{0\text{max}}}{d}\right)^{m_0} + a_0} \qquad (2.25)$$

在式（2.25）中，$d_{0\text{max}}$、m_0、a_0 为原级配的级配参数，将 d_{max}、m、a 作为缩尺之后的级配参数。$d_{0\text{max}}$ 和 d_{max} 分别为原级配及缩尺后级配的最大粒径。其中，$d_{0\text{max}}$、m_0、a_0、和 d_{max} 为已知参数。经过推导后发现，四种方法缩尺后的级配方程可以统一到一个公式之中，即

$$P = \frac{100-T}{(1-a)\left(\dfrac{d_{\text{max}}}{d}\right)^{m} + a} + T \qquad (2.26)$$

在式（2.26）中，缩尺后的最大粒径 d_{max} 实际上是已知量，则统一方程中有 3 个待定参数，即 a、m 和 T。其中，对于剔除法和相似级配法，$T=0$。表 2.6 给出了四种方法的参数。

表 2.6　　　　　　　　　　　　　四种方法缩尺后的方程参数

方法	a	m	T
原级配	a_0	m_0	0
剔除法	$\dfrac{P^0_{d\max}}{100}\times a_0$	m_0	0
相似级配法	a_0	m_0	0
等量替代法	$\dfrac{P^0_{d\max}}{100}\times a_0$	m_0	$\dfrac{P^0_{d\max}-100}{P^0_{d\max}-P_5}\times P_5$
混合法	$\dfrac{P^1_{d\max}}{100}\times a_0$	m_0	$\dfrac{P^1_{d\max}-100}{P^1_{d\max}-P_{5k}}\times P_{5k}$

具体的推导过程可参考文献［10］，对于表 2.6 中的参数，$P^0_{d\max}$ 表示的是缩尺之后的最大粒径 $d_{\max}$ 在原级配曲线上对应的百分比，$P^1_{d\max}$ 表示的是混合法中缩尺之后的最大粒径 $d_{\max}$ 在相似级配过渡曲线上对应的百分比，P_5 表示的是原级配中细颗粒的含量，P_{5k} 表示的是混合法中缩尺之后的细颗粒含量。

$$P^0_{d\max}=\frac{100}{(1-b_0)\left(\dfrac{d_{0\max}}{d_{\max}}\right)^{m_0}+b_0} \tag{2.27}$$

$$P_5=\frac{100}{(1-b_0)\left(\dfrac{d_{0\max}}{5}\right)^{m_0}+b_0} \tag{2.28}$$

$$P^1_{d\max}=\frac{100}{(1-b_0)\left(\dfrac{d_{\max1}}{d_{\max}}\right)^{m_0}+b_0} \tag{2.29}$$

$$P_{5k}=\frac{100}{(1-b_0)\left(\dfrac{d_{\max1}}{5}\right)^{m_0}+b_0} \tag{2.30}$$

$$d_{\max1}=5\times\left[\frac{100-P_{5k}b_0}{P_{5k}(1-b_0)}\right]^{\frac{1}{m_0}} \tag{2.31}$$

由表 2.6 可知，四种方法缩尺后的方程参数中，m 都与原参数 m_0 相同，因此计算中只需确定 a 和 T 两个参数即可。对于选定的某种缩尺方法，根据给定的最大粒径 $d_{\max}$，就能求得对应的一组 a 和 T，从而确定缩尺后的级配方程，使得计算简洁明了。

该方法为缩尺前后的级配曲线确定了一个统一一形式的方程式（2.26），并明确给出了缩尺后级配的参数与原方程参数间的关系。以糯扎渡堆石料的缩尺计算为例，经拟合计算得到原级配最大粒径 $d_{0\max}=800$mm，$a_0=0.236$，$m_0=0.508$，缩尺后的最大粒径 $d_{\max}=60$mm，则对于剔除法、相似级配法和等量替代法可以求出 $P^0_{d\max}=32.5\%$，细颗粒含量 $P_5=9.7\%$。根据表 2.6 给出的参数计算公式，剔除法的参数 $a=P^0_{d\max}/100\times b_0=0.077$，$m=m_0$，$T=0$；相似级配法参数 $a=a_0$，$m=m_0$，$T=0$；等量替代法中 a 与剔除法相同，$a=0.077$，$T=(P^0_{d\max}-100)/(P^0_{d\max}-P_5)\times P_5=-26.8$。三种方法缩尺之后的级配方程为

$$P_T = \frac{100}{(1-0.077)\left(\dfrac{60}{d}\right)^{0.508}+0.077} \tag{2.32}$$

$$P_X = \frac{100}{(1-0.236)\left(\dfrac{60}{d}\right)^{0.508}+0.236} \tag{2.33}$$

$$P_D = 1.268 \times \frac{100}{(1-0.077)\left(\dfrac{60}{d}\right)^{0.508}+0.077} - 26.8 \tag{2.34}$$

需要注意的是，式（2.34）表示的是等量替代法在 $d \geqslant 5\mathrm{mm}$ 时的曲线，$d < 5\mathrm{mm}$ 的部分与原级配曲线重合，因此不再赘述。

对于混合法，根据相关规范先确定缩尺之后的细颗粒含量 $P_{5k}=20\%$，则根据式（2.33）可求出经相似级配法缩尺后的过渡最大粒径为 $d_{\mathrm{max1}}=184\mathrm{mm}$，根据式（2.29）可求得 $P_{d\mathrm{max}}^1=32.5\%$，则由表 2.6 的计算公式可得：$a=P_{d\mathrm{max}}^1/100 \times b_0 = 0.149$，$m=m_0$，$T=-17.2$，因此混合法缩尺之后的级配方程为

$$P_H = \begin{cases} 1.172 \times \dfrac{100}{(1-0.149)\left(\dfrac{60}{d}\right)^{0.508}+0.149} - 17.2 \\[4mm] \dfrac{100}{(1-0.236)\left(\dfrac{184}{d}\right)^{0.508}+0.236}, \quad d<5\mathrm{mm} \end{cases} \tag{2.35}$$

根据上述式（2.32）～式（2.35）绘制出四种方法缩尺之后的级配曲线，如图 2.23 所示。图 2.23 中散点表示的是根据规范计算的各粒组含量，曲线则是根据表 2.6 直接得出的缩尺后的级配曲线。可以看出两种方法的结果基本重合，可见，本书提出的级配缩尺计算方法具有可靠性。

综上所述，本书提出的级配方程形式简单、适用性较好，特别是对于粗粒土的级配分布能够较好地描述，且通过大量数据总结了粗粒土的级配参数常用取值范围为 $-2<a<1$，

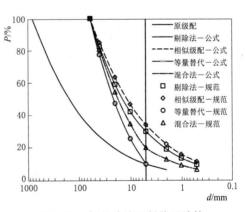

图 2.23 糯扎渡堆石料缩尺计算

$0<m<2$。同时，总结了方程在室内试验和实际工程中的几种常见应用，为下一章将该级配方程应用于颗粒破碎演化规律的研究打下了坚实的基础。

2.5 本章小结

本章总结了现有级配方程的优缺点，并提出了一个适用性较好的级配方程来定量描述土体的级配分布，实现了将粗颗粒土的级配分布定量表示，使得建立级配分布与破碎指标之间的定量关系成为可能，为建立粗颗粒土的颗粒破碎演化数学模型奠定了基础。主要结

论如下：

（1）连续级配土体的级配分布曲线主要有双曲线形和反 S 形，本书提出的级配方程形式简单且能够较好地描述出这两种级配曲线形态。

（2）利用多种实际土体的级配曲线验证了级配方程的适用性，并总结出了一般土体的级配参数 a 和 m 的取值范围$-4<a<1$、$0<m<12$；进一步地，总结了土石坝工程中各种堆石料、过渡料和反滤料等粗粒土的级配参数，发现参数取值范围集中分布在$-2<a<1$、$0<m<2$ 的区域。

（3）分析了级配曲线的形态与级配参数之间的关系，当 $0.5<a<1$ 时，级配曲线为反 S 形，且随着 a 的增大，反 S 的形态越明显；当 $a<0.5$ 时，级配曲线为双曲线形。

（4）推导了利用剔除法、相似级配法、等量替代法和混合法这四种常用缩尺方法缩尺之后的级配参数与原级配参数间的定量关系，为选择合适的缩尺方法和快速、方便地进行缩尺计算提供了理论基础。

参考文献

[1] TALBOT A N, RICHART F E. The strength of concrete – its relation to the cement, aggregates and water [M]. Illinois Univ Eng Exp Sta Bulletin, 1923.

[2] 陈镠芬，高庄平，朱俊高，等. 粗粒土级配及颗粒破碎分形特性 [J]. 中南大学学报（自然科学版），2015（9）：3446 – 3453.

[3] 蔡正银，李小梅，关云飞，等. 堆石料的颗粒破碎规律研究 [J]. 岩土工程学报，2016，38（5）：923 – 929.

[4] MCDOWELL G R. The Role of Particle Crushing in Granular Materials [C] // Modern Trends in Geomechanics. Springer Berlin Heidelberg, 2006：271 – 288.

[5] EINAV I. Breakage mechanics – part I：theory [J]. Journal of the Mechanics and Physics of Solids, 2007, 55（6）：1274 – 1297.

[6] FULLER W B, Thompson S E. The laws of proportioning concrete [J]. Transactions of the American Society of Civil Engineers, 1906, 57（2）：67 – 143.

[7] SWAMEE P K, OJHA C S P. Bed – load and suspended – load transport of nonuniform sediments [J]. Journal of HydraulicEngineering, 1991, 117（6）：774 – 787.

[8] ROSIN P. The Laws Governing the Fineness of Powdered Coal [J]. J. inst. fuel, 1933, 7：29 – 36.

[9] 朱俊高，郭万里，王元龙，等. 连续级配土的级配方程及其适用性研究 [J]. 岩土工程学报，2015，37（10）：1931 – 1936.

[10] 郭万里，朱俊高，温彦锋. 对粗粒料 4 种级配缩尺方法统一的解释 [J]. 岩土工程学报，2016，38（8）：1473 – 1480.

[11] 郭万里，朱俊高，余挺，等. 土的连续级配方程在粗粒料中的应用研究 [J]. 岩土力学，2018（10）：3661 – 3667.

[12] ZHU JunGao, GUO WanLi, WEN YanFeng, et al. New Gradation Equation and Applicability for Particle – Size Distributions of Various Soils [J]. International Journal of Geomechanics, 2018, 18（2）：04017155.

[13] 郭万里，朱俊高，王青龙，等. 基于级配方程的粗粒料级配演化预测模型 [J]. 中南大学学报（自然科学版），2018，49（8）：2076 – 2082.

［14］ 王俊杰，卢孝志，邱珍锋，等．粗粒土渗透系数影响因素试验研究［J］，水利水运工程学报，2013
（6）：16－20.

［15］ 杜延龄，黄丽清．高土石坝关键技术问题研究［M］．北京：中国水利水电出版社，2013.

［16］ H H 罗扎诺夫．土石坝［M］．水利电力部黄河水利委员会科技情报站，译，北京：水利电力
出版社．1986.

［17］ 周泽芳．水泥混凝土路面 SMA 加铺层的应用研究［J］．城市道桥与防洪，2005（1）：114－116.

［18］ El‐ASHAAL A A，ABDEL‐FATTAH A，Fayed A L，et al. Investigation the performance and
limitations of fracture grouting in sand［C］//Proceedings of the 17th International Conference on
Soil Mechanics and Geotechnical Engineering，Alexandria Egypt，5－9 October 2009. IOS Press，
2009：2188－2191.

［19］ 全国水泥标准代技术委员会．水泥胶砂强度检验方法（ISO 法）：GB/T 17671—1999［S］．北京：
中国标准出版社，1999.

［20］ YANG J，SZE H Y，HEUNG M K. Effect of initial static shear on cyclic behavior of sand［C］//
Proceedings of the 17th International Conference on Soil Mechanics and Geotechnical Engineering，2009，
Alexandria Egypt，5－9 October 2009. IOS Press，2009：155－158.

［21］ YASUHARA K，MURAKAMI S，HAMZA M，et al. Effects of drainage on improving post‐cyclic
behaviour of non‐plastic silt［C］//Proceedings of the 17th International Conference on Soil Me‐
chanics and Geotechnical Engineering. The academia and practice of geotechnical engineering，Alex‐
andria，Egypt，5－9 October 2009. IOS Press，2009：171－174.

［22］ TÜRKMEN H K，ERGUN M U. Load sharing under 1－g model rigid piled rafts［C］//Proceed‐
ings of the 17th International Conference on Soil Mechanics and Geotechnical Engineering，Alexan‐
dria Egypt，5－9 October 2009. IOS Press，2009：490－494.

［23］ 国家质量技术监督局，中华人民共和国国家标准．土工试验方法标准［S］．北京：中国计划出版
社，1999.

［24］ 朱崇辉．粗粒土的渗透特性研究［D］．杨凌：西北农林科技大学，2006.

［25］ 傅华，韩华强，凌华．堆石料级配缩尺方法对其室内试验结果的影响［J］．岩土力学，2012，33
（9）：2645－2649.

［26］ 王永明，朱晟，任金明，等．筑坝粗粒料力学特性的缩尺效应研究［J］．岩土力学，2013，34
（6）：1799－1807.

［27］ TRINH V N，TANG A M，CUI Y，et al. Mechanical characterisation of the fouled ballast in
ancient railway track substructure by large‐scale triaxial tests［J］．Soils and Foundations，2012，
52（3）：511－523.

［28］ 朱俊高，殷宗泽．土体本构模型参数的优化确定［J］．河海大学学报（自然科学版），1996，24
（2）：68－73.

［29］ 朱俊高，孙鹏飞，褚福永．心墙堆石坝应力路径三维有限元分析［J］．重庆交通大学学报（自然
科学版），2016，35（2）：75－79.

［30］ 尤培波，武利强，宋师奇，等．缩尺方法的分形解释［J］．三峡大学学报（自然科学版），2013，
35（4）：37－39.

［31］ 朱晟，武利强，魏匡民，等．一种基于分形理论的粗粒料缩尺方法：CN103134906［P］．
2013－06－05.

［32］ MARACHI N D，CHAN C K，SEEDH B. Evaluation of properties of rockfill mechanicals［J］．
Journal of Soil Mechanics and Foundations，Division，ASCE，1972，98（1）：95－114.

［33］　王继庄．粗粒料的变形特性和缩尺效应［J］．岩土工程学报，1994，16（4）：89-95.

［34］　凌华，殷宗泽，朱俊高，等．堆石料强度的缩尺效应试验研究［J］．河海大学学报（自然科学版），2011，39（5）：540-544.

［35］　谢定松，蔡红，魏迎奇，等．粗粒土渗透试验缩尺原则与方法探讨［J］．岩土工程学报，2015，37（2）：369-373.

［36］　翁厚洋，朱俊高，余挺，等．粗粒料缩尺效应研究现状与趋势［J］．河海大学学报（自然科学版），2009，37（4）：425-429.

［37］　YAN W M. Fabric evolution in a numerical direct shear test［J］．Computers and Geotechnics，2009，36（4）：597-603.

［38］　Mello V F B D. Reflections on design decisions of practical significance to embankment dams［J］．Géotechnique. 1977，27（3）：281-355.

［39］　DUCAN J M，WONG S K，MABRY P. Strength，stress-stain and bulk modulus parameters for finite element analysys of stresses and movenments in soils masses［J］．Journat of Consulting & Clinical Psychology，1980.

［40］　齐俊修，赵晓菊，刘艳，等．不均匀系数 $C_u \leqslant 5$ 的无黏性土的渗透变形类型统计分析研究［J］．岩石力学与工程学报，2014（12）：2554-2562.

［41］　杨正权，刘小生，刘启旺，等．两河口高土石坝动力特性振动台模型试验研究［J］．水利学报，2011（10）：1226-1233.

［42］　陈志波，朱俊高，王强．宽级配砾质土压实特性试验研究［J］．岩土工程学报，2008，30（3）：446-449.

第 3 章

粗粒土颗粒破碎演化规律

粗粒土颗粒具有易破碎的特点，但是颗粒破碎之后的级配分布如何预测，依旧是一个难点[1-3]。第 2 章已指出目前无法建立"应力应变→级配分布"这一数学模型的原因是由于级配表示方法是定性的，而不是定量的。因此，在第 2 章提出了一个级配方程来定量地描述颗粒的级配分布。在本章，将引入该级配方程来量化表示粗颗粒土的级配分布，进而建立颗粒级配随应力应变演化的数学模型。

若是能够直接建立级配参数与应力应变的数学关系，则该问题将迎刃而解。但是，利用粗颗粒土在三轴应力状态下的颗粒破碎试验初步总结发现，级配参数 a 和 m 与围压 σ_3 之间并不存在规律性的关系，因此，猜测直接建立"应力应变→级配参数（级配分布）"的关系是比较困难的。虽然两个级配参数 a 和 m 单独的变化规律可能是无序的，但是将其组合在一起可以表示破碎指标，而破碎指标随着应力应变的变化规律则是比较容易总结的。基于此，笔者引入了破碎指标作为应力应变和级配参数之间的过渡条件，转而寻求建立"应力应变→破碎指标→级配参数"的关系。一方面，"应力应变→破碎指标"已有较多的成果可供参考；另一方面，"破碎指标→级配参数"的关系可以通过破碎指标的定义进行数学推导。换言之，建立这样的数学模型从理论上讲是切实可行的。

综上所述，本章将选择合适的破碎指标，并分析破碎指标与级配参数、破碎指标与应力应变之间的关系，建立完整的"应力应变→破碎指标→级配参数"的数学模型，并利用颗粒破碎试验数据进行验证。

3.1 模型的建立

3.1.1 建模思路

模型建立的思路是"应力应变→破碎指标→级配参数"，其本质是在已知应力应变的前提下求解当前的级配参数 a 和 m。当已知级配分布时，确定参数 a 和 m 一般采用最优化拟合；若已知参数 a 和 m，又可以代入式（3.1）绘出级配曲线。因此，在本书中认为级配方程与级配分布是等价的。第 2 章提出的级配方程可以表示为最大粒径 $d_{\max}$、参数 a 和 m 的函数形式，即

$$P = f(a, m, d) = \frac{1}{(1-a)\left(\dfrac{d_{\max}}{d}\right)^m + a} \tag{3.1}$$

式中：d 为任意粒径，mm；P 为粒径小于 d 时对应的百分含量，%；$d_{\max}$ 为最大粒径，

mm；a 和 m 为级配参数。

由于级配方程有 a 和 m 两个参数作为未知数，因此，需要联立两个不同的方程来求解，即需要引入两个破碎指标来作为建立方程的条件，设为 B_w 和 B_g（后文详细介绍）。

首先，破碎指标的定义一般是基于特征粒径、粒组含量或是破碎势的变化，这些指标都可以通过数学推导表示为级配参数 a 和 m 的函数，即不难得到"破碎指标→级配参数"的函数关系，设其统一表达式为

$$\left.\begin{array}{l} B_w = g_1(a,m) \\ B_g = g_2(a,m) \end{array}\right\} \qquad (3.2)$$

其次，破碎指标与应力应变之间的关系已积累了较多的试验数据和经验公式[4-6]，为总结"应力应变→破碎指标"的函数提供了依据，设其统一表达式为

$$\left.\begin{array}{l} B_w = f_1(\sigma,\epsilon) \\ B_g = f_2(\sigma,\epsilon) \end{array}\right\} \qquad (3.3)$$

最后，联立式（3.2）和式（3.3）即是本书所建立的"应力应变→破碎指标→级配参数"的数学模型。当式（3.2）和式（3.3）中的函数 g_1、g_2 和 f_1、f_2 确定之后，根据土体所处的应力应变状态即可求出当前的级配参数 a 和 m，即确定了新的级配分布。

值得注意的是，根据式（3.2）和式（3.3）可知，模型中运用到的级配方程并不是唯一的，但是笔者最终选择本书在第 2 章中提出的级配方程，主要是基于如下几点考虑：

（1）通过与现有几个常用级配方程的比较，在第 2 章中已经证明本书级配方程的形式简单且适用性更为广泛。

（2）模型中级配方程的参数不宜过多，式（3.1）中有两个级配参数，则模型式（3.2）和式（3.3）需要两个破碎指标作为载体来建立模型求解参数 a 和 m。若选用只有一个参数的级配方程，比如分形函数式（2.1），只有一个分形维数 D 作为参数，虽然使得模型更为简单，但是由于式（2.1）只能描述双曲线形的级配曲线，则建立的模型无疑是较为粗糙的。若选用的级配方程有三个及三个以上的参数，则模型式（3.2）和式（3.3）本质上变成三个及以上的多元方程，较为复杂。故而，该模型中选用两个参数的级配方程最为适合。

（3）本书级配方程的性质在第 2 章中已研究的较为透彻，比如对粗粒土而言常用级配参数取值范围为 $-2<a<1$ 且 $0<m<2$，范围较为集中，方便在模型求解之后根据参数的大小初步判断结果是否合理。

3.1.2　破碎指标的选择

1.2.1 节中对于目前表征颗粒破碎程度的常用破碎指标进行了总结，总的来说可以分为三类：第一类基于特定粒径或系数；第二类基于粒组含量；第三类基于破碎势。

第一类用单个粒径或系数（比如 C_u 或 C_c）的变化来衡量整体颗粒破碎程度，在计算方面简单实用，但描述的级配特征比较单一，难免以偏概全。

第二类破碎指标以 Marsal 定义的 B_g 为代表[7]，考虑了级配整体的变化，且定义明确、计算简单，因而被众多学者沿用。因此，将 B_g 建议为模型所需要的破碎指标之一。

第三类以 Hardin[8] 和 Einav[9] 定义的破碎率为代表：以颗粒破碎前后的级配曲线所围

成的面积作为破碎量,再除以各自所定义的破碎潜能,得到的比值即为破碎率。其中,Hardin 将 $d=0.074\text{mm}$ 与初始级配曲线围成的面积作为破碎潜能,如图 3.1 所示。

Einav 则认为,对于同一种初始级配,颗粒破碎到最后都会存在同一个极限级配,因此将 Hardin 定义的 $d=0.074\text{mm}$ 取消,改为将初始级配曲线与极限级配曲线围成的面积作为破碎潜能,在理论上更为合理,如图 3.2 所示。将初始级配曲线、试验后的级配曲线和极限级配曲线与最大粒径线 $d=d_{\max}$ 所围成的面积分别表示为 S_0、S_1 和 S_2,如图 3.2 所示,则 Einav 定义的破碎指标可以用 S_0、S_1 和 S_2 表示为

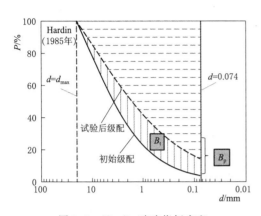

图 3.1 Hardin 破碎指标定义

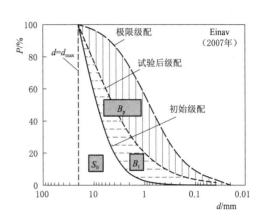

图 3.2 Einav 定义的破碎指标

$$B_{\text{E}}=\frac{B_{\text{t}}}{B_{\text{p}}}=\frac{S_1-S_0}{S_2-S_0} \tag{3.4}$$

事实上,B_{E} 在实际运用中并不方便:相比于其他的破碎指标,确定极限级配曲线的试验属于额外的试验,加大了试验量;而且该试验需要在高应力状态下进行,难度较大。因此,B_{E} 虽然在理论上为人们所推崇,但真正作为破碎指标应用于实际研究的却不多。

根据 Einav 的理论,对于初始级配相同的同一种材料,颗粒破碎到最后都会存在同一个极限级配,即 S_2 为定值;而初始级配曲线与最大粒径线所围成的面积 S_0 也是定值。因此,Einav 定义的破碎率,本质上是用颗粒破碎消耗的破碎势 (S_1-S_0) 除以一个同量纲的定值 (S_2-S_0),得到的破碎率为一个无量纲的百分比。为了简化确定 S_2 这一步骤,笔者将分母的定值由 (S_2-S_0) 换为定值 S_0,从而定义了一个新的破碎率 B_{W},表达式为

$$B_{\text{W}}=\frac{S_1-S_0}{S_0} \tag{3.5}$$

新定义的 B_{W} 的示意图如图 3.3 所示。

B_{W} 虽然在理论的完整性上不如 B_{E}:B_{E} 的变化区间是 0~1,适合用来对比评价颗粒破碎的程度;B_{W} 的理论变化区间则是 0~无穷大。但是,现有的部分破碎指标也是取值区间无上限的,见表 1.1,却能够较好地描

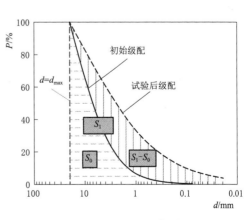

图 3.3 B_{W} 的示意图

述级配某一方面的变化特点，因而被人们广泛接受和应用[10]；而且，B_w 反映的是级配整体的变化，且简单实用。因此，将 B_w 建议为模型所需的另外一个破碎指标。

至此，模型要求的两个破碎指标已选定，即 B_g 和 B_w，其优势是都能够反映级配整体的变化，且定义简单，计算方便。

3.1.3 B_w 与级配参数的关系

在《土工试验方法标准》（GB/T 50123）中，颗粒分析试验则采用孔径为 60mm、40mm、20mm、10mm、5mm、2mm、1mm、0.5mm、0.25mm、0.075mm 土工筛。在利用 Hardin[8] 和 Einav[9] 定义的破碎率来度量颗粒破碎程度时，通常是利用梯形分割法来计算级配曲线所围成的面积，即相邻粒径之间所围成的图形近似为梯形，总的面积为各个梯形面积之和。其中，梯形的高为 $(\lg d_i - \lg d_{i-1})$，两边长分别为粒径 d_i 和 d_{i-1} 在级配曲线上所对应的百分比，d_i 一般取为前文介绍的 60～0.075mm 范围内的孔径。但是，由于操作过程没有统一的标准，常规三轴试验中，大三轴试样筛分范围通常为 60～2mm，中三轴试验筛分范围一般为 20～1mm，未筛分粒径部分所围成的面积往往差异较大，原因在于最小粒径 d_0 的选择不同。

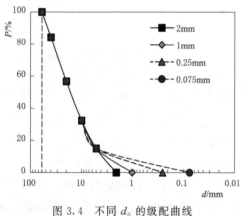

图 3.4 不同 d_0 的级配曲线

以图 3.4 中堆石料的级配曲线为例，试验过程中最小筛孔孔径为 5mm。当计算级配曲线与最大粒径线所围成的面积时，从图 3.4 中可以直观地看出最小粒径越小，则面积越大。

比如当 d_0 分别取为 2mm、1mm、0.25mm 和 0.075mm 时，试验前级配曲线与试验后各围压下的级配曲线与最大粒径线围成的面积分别为 0.443mm、0.466mm、0.511mm 和 0.550mm，差异较为明显。即对于同一级配曲线，随着 d_0 的减小，利用梯形分割法求得的面积显著增加。进一步地，利用梯形分割法所求得的面积代入式（3.5）求各围压下的破碎率，见表3.1，比如当 d_0 分别取为 2mm、1mm、0.25mm 和 0.075mm 时，破碎率 B_w 随 d_0 的变化而明显变化。

表 3.1 梯形分割法所求 B_w 与 d_0 的关系表

粒径 d_0/mm		与最大粒径线围成的面积/mm				B_w/%			
		2	1	0.25	0.075	2	1	0.25	0.075
	初始	0.443	0.466	0.511	0.550				
围压/MPa	0.4	0.496	0.525	0.583	0.634	12.0	12.8	14.2	17.2
	0.8	0.527	0.561	0.628	0.686	19.0	20.4	22.9	26.9
	1.5	0.555	0.592	0.667	0.732	25.3	27.3	30.6	35.4
	2.2	0.579	0.619	0.700	0.770	30.7	33.0	37.0	42.4

由表 3.1 可见，按照梯形分割法计算得到的级配曲线围成的面积以及颗粒破碎率，同样的试验结果不同人员可能计算出不同的结果。一方面，若按照梯形分割法计算，则必须制定统一的标准来选择最小粒径 d_0，这一部分工作尚未有严谨的讨论；另一方面，有学者根据试验数据先确定级配曲线的数学表达式，再根据公式计算级配曲线的面积以及破碎指标。比如，贾宇峰[11]利用 Fukumoto 的风化模型计算 Hardin 的破碎指标。这一思路可以延伸应用于本书的级配方程，即将级配曲线用本书的级配方程表示，然后再利用方程进行积分求取面积。

从式（3.1）可得 P 的最大值为 100%，而最小值只能接近 0，无法等于 0，因此，在利用积分求面积时无法对 P 进行 $0\sim1$ 范围内的积分。笔者将级配曲线与最大粒径线围成的面积 S 分为 S_A 和 S_B 两部分，如图 3.5 所示。其中，S_A 由级配曲线、最大粒径线以及 $P=k$ 线所围成，可对 P 进行 $k\sim1$ 范围内的积分进行计算；S_B 为矩形，长度为 $(\lg d_{max}-\lg d_k)$，高度为 k，面积可直接计算；k 趋向于 0，则 S_A+S_B 可以视为总面积 S。

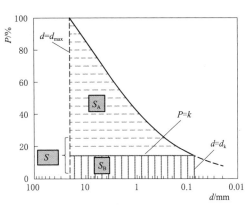

图 3.5　利用级配方程计算面积示意图

基于此思路，级配曲线与最大粒径线所围的面积为

$$\left.\begin{array}{l} S = S_A + S_B \\ S_A = \int_k^1 (\lg d_{max}-\lg d_k)\mathrm{d}P \\ S_B = k(\lg d_{max}-\lg d_k) \end{array}\right\} \tag{3.6}$$

由式（3.1）可得

$$\lg d_{max}-\lg d_k = -\frac{1}{m}\lg\frac{P(1-a)}{1-Pa} \tag{3.7}$$

将式（3.7）代入式（3.6）可得

$$S_A = -\frac{1}{m}\int_k^1\lg\frac{P(1-a)}{1-Pa}\mathrm{d}P \tag{3.8}$$

对式（3.8）进行积分计算可得

$$S_A = -\frac{1}{m\ln10}\left(\frac{1}{a}\ln\frac{1-a}{1-ka}-k\ln\frac{1-a}{1-ka}-k\ln k\right) \tag{3.9}$$

当 $P=k$，代入式（3.7）和式（3.6）可得，方形的面积为

$$S_B = -\frac{1}{m}k\lg\frac{P(1-a)}{1-Pa} \tag{3.10}$$

对式（3.10）进行对数换底运算可得

$$S_B = -\frac{1}{m\ln 10}\left(k\ln\frac{1-a}{1-ka} + k\ln k\right) \tag{3.11}$$

将式（3.11）和式（3.9）代入式（3.6）可得

$$S = -\frac{\ln(1-a) - \ln(1-ka)}{mb\ln 10} \tag{3.12}$$

理论上讲，可以设 k 的极限为 0，则 $\ln(1-ka)$ 为 0，进一步可以将 S 的表达式化简为

$$S = -\frac{\ln(1-a)}{ma\ln 10} \tag{3.13}$$

纯数学角度上讲，k 无限趋向于 0 时得到的式（3.13）求面积更为合理，但是 k 趋向于 0 时对应的粒径 d 为 0，而实际上的最小粒径不可能取为 0，因此将 k 设定为一个较小的值，比如 0.1%，则 $P = k = 0.1\%$ 时对应的粒径 d 较小，但不为 0，更符合粒径分布的实际情况。

特别地，当 $a = 0$ 时，方程退化为 $P = (d/d_{max})^m$ 的形式，即颗粒级配满足分形条件，式（3.12）中出现分母为 0 的情况，这里利用了高等数学里的极限公式，$\lim\limits_{x\to 0}\ln(1-x) = -x$，对含 a 的因式求极限为 $\lim\limits_{a\to 0} -\ln(1-a)/a = 1$，则式（3.12）可以表示为

$$S = \frac{1-k}{m\ln 10} \tag{3.14}$$

若初始级配的参数为 a_0 和 m_0，试验后的级配曲线参数为 a_1 和 m_1，根据式（3.12）和式（3.5）可得本书定义的破碎率 B_w 可以用级配方程的参数表示为

$$B_w = g_1(a,m) = \frac{\ln(1-a_1) - \ln(1-ka_1)}{\ln(1-a_0) - \ln(1-ka_0)}\frac{m_0 a_0}{m_1 a_1} - 1 \tag{3.15}$$

利用梯形分割法同样的数据，利用级配方程求面积和破碎指标见表 3.2，对于 k 分别取为 2%、1%、0.5%、0.1% 时，相同围压下的级配曲线得到的面积及破碎参数基本保持不变。可见，梯形分割法计算破碎指标受到最小粒径 d_0 的影响较大，而利用级配方程计算破碎指标明显的优势是计算值稳定，不因为 k 的值变化而变化。此外，利用公式计算，不必按照梯形分割法依次计算各个粒组的面积，更为简单实用。

表 3.2　　　　　　利用级配方程求 B_w 与 k 的关系表

围压/MPa	与最大粒径线围成的面积/mm				破碎率 B_w			
	$k=2\%$	$k=1\%$	$k=0.5\%$	$k=0.1\%$	$k=2\%$	$k=1\%$	$k=0.5\%$	$k=0.1\%$
初始	0.629	0.633	0.635	0.636				
0.4	0.690	0.694	0.696	0.698	9.6	9.7	9.7	9.7
0.8	0.732	0.736	0.738	0.740	16.3	16.3	16.3	16.3
1.5	0.769	0.773	0.776	0.778	22.2	22.2	22.2	22.3
2.2	0.802	0.807	0.809	0.811	27.4	27.5	27.4	27.5

3.1.4 B_g 与级配参数的关系

用 ΔW_{0k} 和 ΔW_k 分别表示试验前后某个粒组的含量，如图 3.6 所示，则该粒组含量的变化量为 $(\Delta W_k - \Delta W_{0k})$，Marsal 对 B_g 的原始定义为所有 $(\Delta W_k - \Delta W_{0k})$ 的正值之和[7]。由于粒组含量的增加量与剩余粒组含量的减少量是相等的，因此，B_g 又可以表示为 0.5 倍的各粒组含量变化值之和，即

$$B_g = g_2(a, m) = 0.5 \sum |\Delta W_k - \Delta W_{0k}| \tag{3.16}$$

其中，ΔW_{0k} 和 ΔW_k 利用级配参数可以表示为

$$\left.\begin{array}{l} \Delta W_k = f(a, m, d_i) - f(a, m, d_{i-1}) \\ \Delta W_{0k} = f(a_0, m_0, d_i) - f(a_0, m_0, d_{i-1}) \end{array}\right\} \tag{3.17}$$

式中：函数 f 为式（3.1）所示的级配方程；d_i 和 d_{i-1} 分别为某个粒组里的最大粒径和最小粒径，根据《土工试验方法标准》（GB/T 50123）[12]，d_i 通常为颗粒分析试验采用的孔径，即 60mm、40mm、20mm、10mm、5mm、2mm、1mm、0.5mm、0.25mm、0.075mm。

式（3.16）确定了 B_g 与级配参数 a 和 m 的函数关系。需要注意的是，级配曲线是通过筛分试验确定各个粒组的含量，然后绘制而成；级配方程表示的级配曲线是对筛分级配曲线的数学拟合，两者之间是存在拟合误差的。因此，利用式（3.17）计算得到的各个粒组的含量（图 3.7，公式 ΔW_k）与筛分试验确定的粒组含量（图 3.7，筛分 ΔW_k）之间是存在误差的，如图 3.7 所示。因此利用式（3.16）所计算的破碎指标 B_g 与筛分试验确定的 B_g 也是存在误差的。

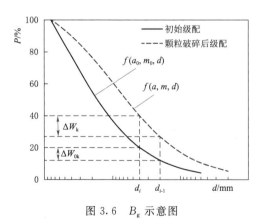

图 3.6　B_g 示意图

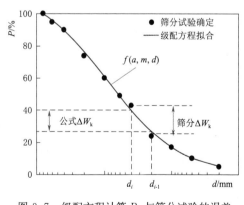

图 3.7　级配方程计算 B_g 与筛分试验的误差

第 2 章已证明，式（3.1）对于级配曲线的拟合相关系数 R^2 一般都在 0.97 以上，式（3.16）计算的 B_g 与筛分试验所得的 B_g 虽然存在误差，但是误差应该在合理范围之内。以陈生水等[13]和傅华等[14]的三轴试样颗粒破碎数据为例，筛分试验得到各粒组含量和级配方程拟合得到参数 a 和 m 见表 3.3。同时利用筛分试验数据和式（3.16）对各围压下的 B_g 进行计算，计算值见表 3.3，可见两者之间相差并不大；进一步地，以筛分试验

计算的 B_g 为基准，算出式（3.16）计算值的相对误差列于表3.3，可见，两者之间的相对误差都在10%以内，属于合理的范围。因此，可以认为利用式（3.16）计算破碎指标 B_g 是合理的。

表 3.3　　　　　　　　　　　　　级配方程计算 B_g 的误差分析

围压 /MPa	筛分试验/%					级配参数		B_g		误差 /%
	60～ 40mm	40～ 20mm	20～ 10mm	10～ 5mm	<5mm	a	m	筛分	公式	
初始	19	27.5	25.4	16.4	11.7	0.690	1.252			
0.4	16.2	26	23.8	16.5	17.5	0.678	1.094	5.9	6.1	3.5
0.8	15.6	24.1	22.8	18.6	18.9	0.698	1.068	9.4	8.8	−6.3
1.5	14.9	23.6	22.4	17.7	21.4	0.683	1.004	11.0	10.8	−1.6
2.2	13.3	21	23.2	18.3	24.2	0.741	1.025	14.4	14.6	1.2
初始	17.7	26.2	24	17.6	14.5	0.683	1.157			
0.3	13.5	23.8	24.4	17.8	20.5	0.749	1.120	6.6	7.0	6.2
0.8	13.1	21.7	23.5	18.2	23.5	0.746	1.050	9.6	10.3	7.1
1.2	10.4	20.5	23.1	18.9	27.1	0.798	1.069	13.9	14.8	6.4
1.6	9.9	18.5	22.5	19.6	29.5	0.816	1.059	17.0	17.7	4.4

综上所述，模型中的两个破碎指标 B_w 和 B_g 与级配参数 a 和 m 之间的函数关系式已经确定，即模型中的式（3.2）已确定。建立完整的模型还需要确定式（3.3）的函数关系，这一部分则需要利用颗粒破碎试验数据来进行总结。

3.2　模型在三轴应力状态下的初步验证

3.2.1　三轴试样破坏时的破碎规律

由于土的应力状态有多种，比如普通三轴应力状态、K_0 应力状态以及其他多种复杂应力状态等，不同的试验可能对应着不同的经验公式来描述 $B_w = f_1(\sigma, \varepsilon)$ 与 $B_g = f_2(\sigma, \varepsilon)$，本书研究的最终目标是总结适用于一般应力状态的函数关系，试验的难度较大。在此之前，由于现有的颗粒破碎研究主要是基于三轴试样破坏时的试验结果，因此，本节将以普通三轴应力状态为例，初步验证本模型的合理性。

为研究三轴试验中破碎指标与围压之间的关系，笔者总结了6种不同土体的颗粒破碎试验数据。其中，6种土体的试验围压和筛分所得的粒组含量见表3.4，由于本书中的级配曲线都用级配方程表示，因此笔者在此基础上用级配方程对各个筛分确定的级配曲线进行了拟合，得到各围压下的级配参数 a、m 及相关系数 R^2 见表3.4。

表 3.4　　　　　　　　　几种粗颗粒土的三轴试验颗粒破碎筛分数据

土料	围压/MPa	粒组含量/%					级配参数		相关系数R^2
		60~40mm	40~20mm	20~10mm	10~5mm	<5mm	a	m	
R1 赵晓菊[15]	试验前	21.3	26.1	19.8	15.8	17.0	0.406	0.858	0.9986
	0.3	14.9	24.7	20.4	16.7	23.3	0.607	0.891	0.9998
	0.6	14.3	23.9	18.9	17.3	25.6	0.591	0.829	0.9994
	1.0	13.0	23.1	18.0	17.6	28.3	0.609	0.798	0.9992
	1.5	12.0	22.4	17.5	18.0	30.1	0.638	0.794	0.9990
R2 傅华[14]	试验前	17.7	26.2	24.0	17.6	14.5	0.683	1.157	0.9992
	0.3	14.4	24.0	24.2	17.7	19.7	0.730	1.107	0.9997
	0.8	14.0	22.5	23.1	18.4	22.0	0.727	1.047	0.9996
	1.2	12.9	21.3	22.3	19.1	24.4	0.746	1.024	0.9996
	1.6	10.2	19.9	24.0	18.5	27.4	0.808	1.088	0.9999
R3 傅华[14]	试验前	17.8	25.5	27.8	14.4	14.5	0.712	1.233	0.9988
	0.3	14.4	24.0	24.2	17.7	19.7	0.730	1.107	0.9997
	0.8	14.0	22.5	23.1	18.4	22.0	0.727	1.047	0.9996
	1.2	12.9	21.3	22.3	19.1	24.4	0.746	1.024	0.9996
	1.6	10.2	19.9	24.0	18.5	27.4	0.808	1.088	0.9999
R4 陈生水[13]	试验前	19.0	27.5	25.4	16.4	11.7	0.690	1.252	0.9995
	0.4	16.2	26.0	23.8	16.5	17.5	0.678	1.094	0.9999
	0.8	15.6	24.1	22.8	18.6	18.9	0.698	1.068	0.9993
	1.5	14.9	23.6	22.4	17.7	21.4	0.683	1.004	0.9997
	2.2	13.3	21.0	23.2	18.3	24.2	0.741	1.025	0.9998
R5 凌华[16]	试验前	18.0	25.9	20.5	15.6	20.0	0.512	0.877	0.9996
	0.4	12.6	23.6	20.7	18.2	24.9	0.699	0.956	0.9997
	0.8	11.7	22.5	20.8	16.0	29.0	0.674	0.865	0.9999
	1.5	10.9	20.0	19.2	19.1	30.6	0.742	0.905	0.9992
	2.2	10.2	19.7	19.1	19.0	32.0	0.751	0.899	0.9996
R6 凌华[16]	试验前	19.6	25.8	24.7	15.5	14.4	0.626	1.109	0.9984
	0.4	15.6	24.1	23.0	17.8	19.5	0.686	1.046	0.9992
	0.8	14.8	22.2	22.3	18.1	22.6	0.688	0.982	0.9990
	1.5	14.0	21.2	21.5	18.5	24.8	0.696	0.947	0.9990
	2.2	12.5	20.4	21.4	18.8	26.9	0.733	0.960	0.9993

　　表 3.4 中的拟合相关系数 R^2 基本都大于 0.99，进一步证明了利用级配方程来定量表示级配曲线是完全合理的。进一步地，将表 3.4 中的级配参数 a 和 m 分别代入式（3.15）和式（3.16）计算不同土体在各个围压下的破碎指标 B_w 和 B_g。笔者发现 B_w 和 B_g 与围压 σ_3 的关系，都可以用指数函数来拟合。为统一量纲，现将围压 σ_3 除以标准大气压 p_a，

则得到的拟合参数都是无量纲的，拟合关系式可表示为

$$
\left.\begin{array}{l}
B_{\mathrm{W}} = A_1 (\sigma_3/p_{\mathrm{a}})^{C_1} \\
B_{\mathrm{g}} = A_2 (\sigma_3/p_{\mathrm{a}})^{C_2}
\end{array}\right\}
\tag{3.18}
$$

分别利用式（3.18）对 B_{W} 和 B_{g} 与围压 σ_3 的试验数据进行拟合，如图 3.8 所示。由图 3.8 可见，利用指数函数拟合的曲线与试验点吻合较好，即指数函数能够较好地描述两

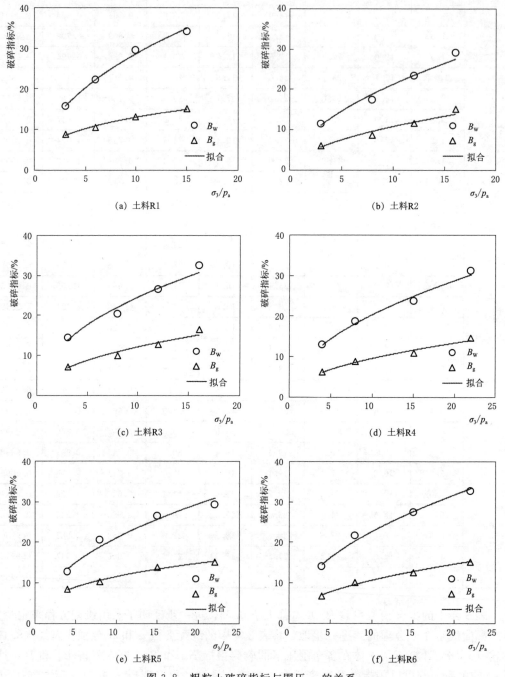

图 3.8　粗粒土破碎指标与围压 σ_3 的关系

个破碎指标与围压之间的关系。

进一步地，表3.5给出了式（3.18）对 B_w 和 B_g 与围压 σ_3 试验值的拟合参数及相关系数 R^2。一方面，由表3.5可见，指数函数式（3.18）拟合得到的 R^2 基本都大于0.95，这说明利用式（3.18）能较好地描述颗粒破碎指标与围压之间的关系。另一方面，式（3.18）也存在着不足，即破碎指标是随着围压的增大而一直增大的，事实上，颗粒破碎指标不可能一直增大，根据极限级配的观点，颗粒破碎达到极限级配之后，颗粒破碎程度不再随着应力的增大而增大；而式（3.18）所表示的颗粒破碎指标是随着应力的增大而一直增大的。但是，经过计算，在10MPa的围压内，表3.5中6种土料计算得到最大 B_g 为土料R2，其值为37.1%，不会超过理论最大值100%。而且，以目前300m级的高土石坝为例，土的平均重度取为20kPa/m进行估算，300m深处的竖向压力约为6MPa，则其围压一般会低于6MPa，远小于10MPa。因而在满足工程实际的围压范围内，式（3.18）又是适用的。

表3.5 B_w 和 B_g 与围压的拟合参数

土料	B_w 拟合参数			B_g 拟合参数		
	A_1	C_1	R^2	A_2	C_2	R^2
R1	9.13	0.496	0.997	5.81	0.349	0.986
R2	6.09	0.545	0.975	3.13	0.537	0.956
R3	8.20	0.477	0.970	4.10	0.470	0.948
R4	6.40	0.503	0.990	3.12	0.485	0.981
R5	6.80	0.490	0.966	4.98	0.365	0.988
R6	7.37	0.488	0.985	3.69	0.460	0.988

综上所述，三轴应力状态下，土样破坏时的破碎指标 B_w 和 B_g 与围压 σ_3 的关系可以用指数函数式（3.18）来描述，即已经解决了 $B_w=f_1(\sigma,\varepsilon)$ 与 $B_g=f_2(\sigma,\varepsilon)$ 的问题，从理论上讲，联立式（3.15）、式（3.16）和式（3.18），即可以预测某中土料在任意围压下破坏时的级配曲线。

3.2.2 模型的初步验证

预测任意围压下三轴试样破坏时的级配曲线，其思路为：先通过几组不同围压的试验确定式（3.18）中的参数 A_1、C_1、A_2 和 C_2，基于此则可以估算任意围压下试样破坏时的破碎指标 B_w 和 B_g；由式（3.15）和式（3.16）可知 B_w 和 B_g 又可以用级配参数 a 和 m 来表示，因而在已知 B_w 和 B_g 的情况下，则可以逆向计算出该围压下的级配参数 a 和 m，即确定了该围压下的级配曲线。联立式（3.15）、式（3.16）和式（3.18），得到的预测任意围压下三轴试样破坏时的级配曲线模型表达式为

$$\left.\begin{aligned} A_1(\sigma_3/p_a)^{C_1}=B_w=\frac{\ln(1-a_1)-\ln(1-ka_1)}{\ln(1-a_0)-\ln(1-ka_0)}\frac{m_0a_0}{m_1a_1}-1 \\ A_2(\sigma_3/p_a)^{C_2}=B_g=\frac{1}{2}\sum(|\Delta W_1-\Delta W_0|) \end{aligned}\right\} \tag{3.19}$$

71

由于表 3.5 中拟合相关系数 R^2 基本都大于 0.95，说明 4 个围压下的试验点基本都落在拟合曲线上，因而用表 3.6 中的参数预测其中某个围压下的破碎指标，必然与试验值相符，则将预测的破碎指标代入式（3.19）计算该围压下的级配参数也基本会与试验值相符，这说明模型建立的思路是正确的且可行的。相反，如果级配的预测值与试验值不符，既可能是由于式（3.19）对于破碎指标的预测值出现了偏差，也可能是模型本身是不合理的，通过破碎指标反推级配参数的这一思路是不可行的。

首先，为了验证建模思路是否可行，以每个试样的最大围压为例，利用式（3.18）预测最大围压时的破碎指标 B_w 和 B_g，并代入式（3.19）求解级配参数 a 和 m。同时，为了检验模型的稳定性，继续以这 6 种土体为例，预测了较大围压，为 3.6MPa 和 6MPa 时各试样破坏时的破碎指标和级配曲线，见表 3.6。

其次，利用表 3.6 中得到的级配参数预测值，代入级配方程式（3.1）绘制成了对应的级配曲线，同时，也绘出了各土料的试验前级配曲线以及最大围压时的级配曲线试验值，如图 3.9 所示。

表 3.6　　　　　　　　　　　　各土料不同围压的级配参数预测值

土料	预测围压 /MPa	破碎指标预测值/%		级配参数预测值	
		B_w	B_g	a	m
R1	1.5	69.6	24.3	0.598	0.755
	3.6	54.0	20.3	0.574	0.646
	6.0	35.0	14.9	0.577	0.588
R2	1.6	56.7	28.2	0.778	1.043
	3.6	42.9	21.4	0.831	1.031
	6.0	27.6	13.9	0.877	1.049
R3	1.6	57.8	28.1	0.777	1.041
	3.6	45.3	22.1	0.829	1.034
	6.0	30.8	15.1	0.869	1.046
R4	2.2	50.2	22.7	0.725	1.009
	3.6	38.8	17.7	0.750	0.982
	6.0	30.3	14.0	0.790	0.970
R5	2.2	50.6	22.2	0.729	0.857
	3.6	39.4	18.4	0.729	0.804
	6.0	30.9	15.4	0.739	0.755
R6	2.2	54.4	24.3	0.723	0.940
	3.6	42.4	19.2	0.751	0.918
	6.0	33.3	15.3	0.792	0.906

图 3.9 中，各土料最大围压时的试验值和级配预测值基本重合，证明了利用破碎指标反推级配参数的这一建模思路是正确的。即在已知破碎指标的情况下，反算级配参数 a 和 m 是可行的。因此，模型的适用性则主要依赖于式（3.18）对于某围压下的级配指标预

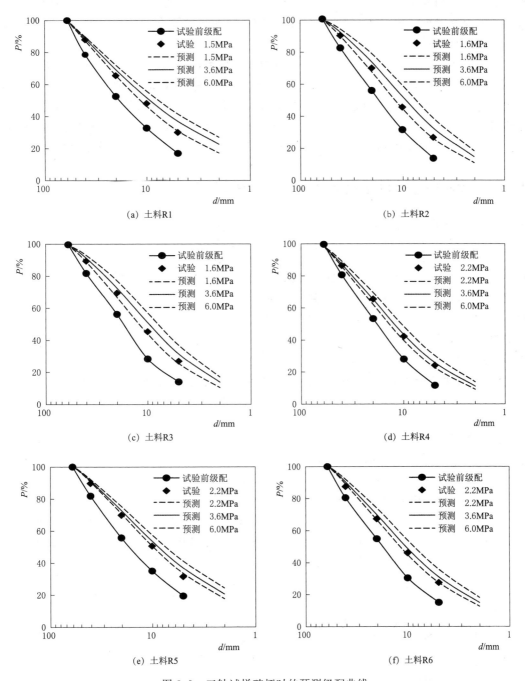

图 3.9 三轴试样破坏时的预测级配曲线

测值的准确性,式(3.18)对破碎指标与围压的关系的描述效果越好,则式(3.19)预测的级配曲线越准确。

图 3.9 中,当围压为 3.6MPa 和 6MPa 时,虽然没有试验数据来验证式(3.19)的预测效果,但是从趋势上来看,满足随着围压的增大,颗粒破碎越显著,粗颗粒减少、细颗

粒增多的这一趋势。而且，围压为 3.6MPa 和 6MPa 时已经属于高围压状态，而预测的级配曲线并没有严重偏离试验前的级配曲线，即没有明显的不合理的情况出现，这说明式（3.19）的稳定性较好。

综上所述，在式（3.2）和式（3.3）的模型框架下，建议了两个合适的破碎指标，并利用三轴试样破坏时的级配分布规律初步验证了该模型的合理性，证明了模型建立的思路是可行的。这说明，若已知破碎指标，根据该模型推求的级配分布是合理的。因此，笔者希望进一步能够找到合适的函数来描述剪切过程中的破碎指标与应力应变的关系式 f_1 和 f_2，从而将所建立的级配演化模型应用于对一般应力状态下土体的级配分布进行预测。

3.3 三轴剪切过程中的颗粒破碎演化规律

3.3.1 B_g 与应力应变的关系

目前较多的经验公式描述的是破碎指标与应力或应变的单因素关系，比如，3.2.1 节提出了破碎指标 B_w 和 B_g 与 σ_3 之间的指数型经验公式，该公式只是针对试样在不同围压下破坏时的这个"点"，而无法推广到整个加载剪切的"过程"。公式中的应力和应变选为应力不变量和应变不变量，可以方便将公式推广到一般应力状态，笔者选择的应力不变量为平均正应力 p，应变不变量为广义剪应变 ε_s。因此，笔者将通过试验总结破碎指标 B_w 和 B_g 与 p 和 ε_s 之间的经验公式。

Salim 和 Indraratna[17]曾将 B_g 表示为平均正应力 p 和塑性剪应变 ε_s^p 的函数关系：

$$B_g = \frac{\alpha_0 \left[1 - \exp(-\beta \varepsilon_s^p) \right]}{\ln \left[p_{cs(i)} / p \right]} \tag{3.20}$$

式中：α_0 和 β 为拟合参数；$p_{cs(i)}$ 为剪切前的初始孔隙率在 $e\text{-}\ln p$ 临界状态线上所对应的平均正应力；$p_{cs(i)}$ 为剪切前的初始孔隙率在 $e\text{-}\ln p$ 临界状态线上所对应的平均正应力。砂土的典型临界状态线示意图如图 3.10 所示。

一方面，本构模型中通常忽略弹性剪应变的影响，从而式（3.20）中的塑性剪应变 ε_s^p 可以换为总剪应变 ε_s；另一方面，对于粗颗粒土而言，通常在低围压是剪胀的，高围压下由于颗粒破碎效应明显，其体积是剪缩的，因此其初始孔隙率所对应的 $p_{cs(i)}$ 可能小于当前的平均正应力 p。比如，图 3.11 中的堆石料，初始孔隙率为 0.35，将围压为 300kPa 和

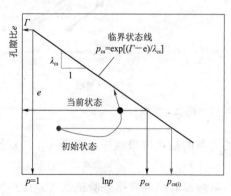

图 3.10 砂土的典型临界状态线

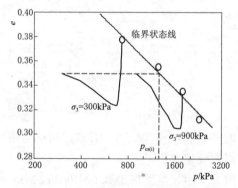

图 3.11 粗颗粒土的典型临界状态线

900kPa 时的剪切曲线表示在 $e-\ln p$ 平面。当围压为 300kPa 时，初始孔隙率在临界状态线上对应的应力 $p_{cs(i)}$ 都大于 p；当围压为 900kPa 时，$p_{cs(i)}$ 可能小于 p，则利用式（3.20）计算的破碎指标 B_g 为负数，这显然是不合理的。

基于以上两点考虑，笔者将式（3.20）中对于塑性剪应变 ε_s^p 可以换为广义剪应变 ε_s，临界状态线上的应力参数 $p_{cs(i)}$ 改变为参数 h_s。h_s 的物理意义为粗粒土的固相硬度，具有应力的量纲。其中，将 $p_{cs(i)}$ 改变为参数 h_s 的理由主要有如下三点：①h_s 的数值一般较大，其数量级为几十兆帕，则 h_s 一般都会大于当前应力状态下的平均正应力 p，使得式（3.21）中的分母不会出现为负的情况；②h_s 的物理意义为粗粒土的固相硬度，h_s 越大表示粗粒土的固相硬度越大，则颗粒越不容易破碎，因此破碎指标越小。显然，式（3.21）所描述的 B_w 和 B_g 与 h_s 是成反比的，即 h_s 越大，则破碎指标越小，这与实际情况是相符的；③该数学模型可以和本构模型联合运用，用来预测土石坝等工程中某土料的级配演化过程，而 h_s 通常是本构模型中运用到的参数，获取较为方便，比如本书第 5 章所提出的广义塑性模型也将 h_s 作为模型参数。因此，当两者联合使用时，可以减少总的模型参数。

对粗粒土进行压缩试验时，由于粗粒土颗粒破碎效应明显，压缩曲线会显著下弯，因此对于 e 和 p 的关系，本书采用如下指数函数[18]：

$$e=e_0\exp\left[-(p/h_s)^n\right] \quad (3.21)$$

式中：h_s 和 n 可以通过等向压缩试验结果进行回归分析确定，如图 3.12 所示。

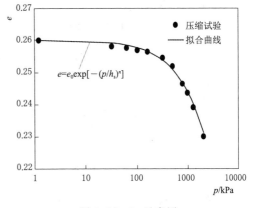

图 3.12 h_s 示意图

因此，笔者最终确定的 B_g 与应力和应变的关系描述为

$$B_g=f_2(\sigma,\varepsilon)=\frac{\alpha_2\left[1-\exp(-\beta\varepsilon_s)\right]}{\ln(h_s/p)} \quad (3.22)$$

式中：α_2 为拟合参数；β 为临界状态相关的参数，将在下一节进行讨论。

3.3.2 参数的确定方法

对于参数 α_2 和 β，理论上都可以通过拟合进行确定。其中，对于参数 β 还可以利用临界状态的剪应变进行估算，其原理为：剪应变 ε_s 在整个剪切过程中都是持续增大的，而应力 p 在加载剪切的初始阶段增长较快，随后长时间内都保持为定值，此时式（3.22）中的分母 $\ln(h_s/p)$ 为定值，可见式（3.22）表示的应变 ε_s 对于颗粒破碎的影响远大于应力 p。当土体达到临界状态时可以认为颗粒破碎程度基本保持不变，即剪应变 $\varepsilon_s\rightarrow\infty$ 时，则 $[1-\exp(-\beta\varepsilon_s)]$ 为定值 1。但是，数学上 $[1-\exp(-\beta\varepsilon_s)]$ 只能趋向于 1，笔者设定 $[1-\exp(-\beta\varepsilon_s)]=0.99$ 时，即表示土体达到了临界状态，此时 $\beta\varepsilon_s=4.6$。因此，β 可以通过如下经验公式进行估算：

$$\beta = \frac{4.6}{\varepsilon_{sc}} \qquad (3.23)$$

式中：ε_{sc}为土体达到临界状态时的剪应变。

比如，当β为200、60、30、20和15时，如图3.13所示，此时对应的临界状态剪应变ε_{sc}分布为2.3%、7.7%、15.3%、23%和30.7%。

由于试验设备的限制，粗粒土并不一定达到了临界状态，因此建议采用如下方程确定临界状态应力比M_c及临界状态下的剪应变ε_{sc}[19]：

$$\left. \begin{array}{l} \eta = R_a \dfrac{R_b \varepsilon_s^2 + \varepsilon_s}{\varepsilon_s^2 + 1} \\ M_c = R_a R_b \end{array} \right\} \qquad (3.24)$$

式中：R_a和R_b为拟合参数。

为验证式（3.24）的适用性，笔者以最常见的三轴CD试验为例，引用[20]并总结了不同围压下的粗颗粒土试样在剪切过程中的应力比η和广义剪应变ε_s，如图3.14所示，利用式（3.24）对试验值进行拟合，得到拟合曲线如图3.14所示，拟合参数及各围压下的临界状态应力比M_c见表3.7。

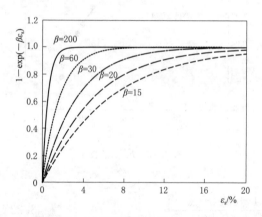

图3.13　β与临界状态剪应变ε_{sc}的关系

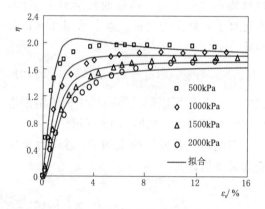

图3.14　临界状态剪应变的确定

表3.7　　　　　　　　　　　　　临界状态相关拟合参数

土料	σ_3/kPa	R_a	R_b	M_c	R^2	ε_{sc}/%	β	M_c平均值
引自贾宇峰[20]	500	2.07	0.78	1.63	0.908	16	29	1.59
	1000	1.18	1.39	1.64	0.923			
	1500	0.89	1.75	1.57	0.952			
	2000	0.68	2.24	1.53	0.932			

取各围压拟合得到的M_c平均值为该土料的临界状态应力比，为1.59；由图3.14可估计，当剪应力比为16%时，各围压下的拟合η-ε_s曲线趋于水平，可以认为土体达到临界状态，即$\varepsilon_{sc} = 16\%$，则由式（3.23）可得$\beta = 4.6/16\% = 29$。

进一步地，为验证式（3.22）的适用性，继续以该土料为例[20]，总结了不同围压下的粗颗粒土试样在剪切过程中的平均正应力 p 和广义剪应变 ε_s、级配参数 a 和 m、破碎指标 B_w 和 B_g，见表 3.8。

表 3.8　　　　　　　　　　试样的应力应变及级配

围压/MPa	剪应变 ε_s/%	p/MPa	级配参数		破碎指标/%	
			a	m	B_w	B_g
试验前			0.312	1.010		
0.5	1.87	1.24	0.423	0.973	12.7	5.9
	4.56	1.42	0.553	1.059	16.0	8.7
	16.01	1.42	0.656	1.143	20.2	12.0
1.0	1.75	2.05	0.443	0.958	14.5	6.9
	7.2	2.57	0.566	0.941	26.4	12.8
	15.19	2.58	0.642	0.963	34.0	15.1
1.5	1.9	2.76	0.459	0.986	16.2	7.4
	9.39	3.60	0.584	1.003	32.2	14.3
	14.35	3.60	0.583	0.945	40.2	18.1
2.0	1.85	3.34	0.485	0.997	15.7	7.7
	7.25	4.25	0.537	0.907	33.5	14.2
	13.76	4.62	0.526	0.833	43.6	16.8

由于式（3.22）表示的破碎指标 B_g 与应力 p 和应变 ε_s 都有关，不便绘制破碎指标与应力或应变的单因素关系曲线。由式（3.22）可得，$B_g[\ln(h_s/p)]$ 是 ε_s 的增函数，因此，可以将各围压下 ε_s 与 p 的试验值代入 $B_g[\ln(h_s/p)]$ 得到图 3.15 中的散点，α_2、β 代入 $\alpha_2[1-\exp(-\beta\varepsilon)]$ 得到图 3.15 中的预测曲线。其中，$h_s=19.1\text{MPa}$，$\beta=29$，拟合参数为：$\alpha_2=0.265$。

由图 3.15 可知，式（3.22）对于破碎指标 B_g 与应力应变的关系描述效果较好。同理，B_w 与 B_g 都是表征颗粒破碎程度的指标，因此，其与应力应变的变化规律从理论上讲应是相似的，则 B_w 与应力和应变的关系也可以描述为

$$B_w=f_1(\sigma,\varepsilon)=\frac{\alpha_1[1-\exp(-\beta\varepsilon_s)]}{\ln(h_s/p)} \tag{3.25}$$

式中：α_1 为拟合参数。

将各围压下 ε_s 与 p 的试验值代入 $B_w[\ln(h_s/p)]$ 得到图 3.15 中的散点，α_1、β 代入 $\alpha_1[1-\exp(-\beta\varepsilon)]$ 得到图 3.16 中的预测曲线。其中，$h_s=19.1\text{MPa}$，$\beta=29$，拟合参数为：$\alpha_1=0.61$。

综上所述，式（3.25）和式（3.22）对于破碎指标 B_w 和 B_g 与平均正应力 p 和剪应变 ε_s 的关系描述效果较好，可以应用于该数学模型中所需要的式（3.3）。

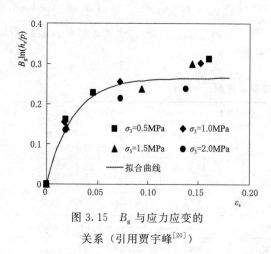

图 3.15　B_g 与应力应变的
关系（引用贾宇峰[20]）

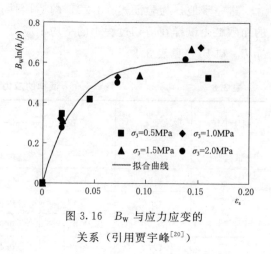

图 3.16　B_w 与应力应变的
关系（引用贾宇峰[20]）

3.4　模型的试验验证

3.4.1　试验方案

式（3.22）确定了破碎指标与应力应变之间的函数关系，因此，可以得到该模型在一般应力状态下的数学表达式为

$$\left.\begin{array}{l} \dfrac{\alpha_1\left[1-\exp\left(-\beta\varepsilon_s\right)\right]}{\ln\left(h_s/p\right)}=\dfrac{\ln(1-a)-\ln(1-ka)}{\ln(1-a_0)-\ln(1-ka_0)}\dfrac{m_0 a_0}{ma}-1 \\[3mm] \dfrac{\alpha_2\left[1-\exp\left(-\beta\varepsilon_s\right)\right]}{\ln\left(h_s/p\right)}=0.5\sum\left|\Delta W_k-\Delta W_{0k}\right| \end{array}\right\} \tag{3.26}$$

为了验证式（3.26）所表示的级配演化模型的适用性，笔者将进行一组三轴 CD 试验。试样尺寸为高 200mm，直径 100mm，土料采用建筑碎石料，最大粒径为 20mm，平均比重 2.68，制样干密度为 1.96g/cm³，制样级配按照级配方程进行配料，初始级配参数设计为 $a=0.4$、$m=0.8$。试验围压为 0.2MPa、0.5MPa、1.0MPa、1.5MPa 和 2.0MPa。其中围压为 0.2MPa、0.5MPa、1.0MPa 和 1.5MPa 的试验数据用来求取模型参数，围压为 2.0MPa 的试验数据用来验证模型。

主要试验步骤如下：

（1）按照试验规范，进行三轴 CD 试验。先进行 5 个围压下的单调加载试验，加载至试样破坏时停止，整理应力—应变—体变曲线，烘干试样，进行颗粒筛分。

（2）进行各围压下特定剪应变的单调加载试验，即加载至预定应变之后，停止试验，烘干试样并进行筛分。

（3）对比步骤（2）和步骤（1）中的应力—应变—体变曲线是否基本重合，如其中一条曲线与另外两条出现明显偏差，可能该试验出错，应重做。

（4）整理应力 p、应变 ε_s、级配参数与破碎指标。

3.4.2　试验结果

各围压下试验停止时所对应的轴向应变 ε_a 和广义剪应变 ε_s 见表 3.9。

表 3.9 试验停止时对应的轴向应变及剪应变

围压/MPa	轴向应变 ε_a/%			广义剪应变 ε_s/%		
0.2	4.58	9.72	12.92	4.41	9.95	13.42
0.5	3.88	7.96	14.36	3.37	7.53	14.32
1.0	3.17	9.40	15.80	2.60	8.56	15.21
1.5	2.05	6.31	17.24	1.63	5.34	16.29

按照试验步骤，相同围压下的试验得到的应力-应变、应变-体变曲线基本重合，因此，只给出最大剪应变时的应力应变曲线，如图 3.17 所示。

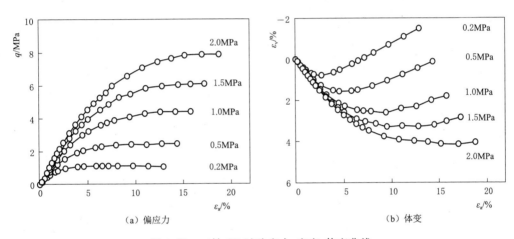

（a）偏应力　　　　　　　　　　　　　（b）体变

图 3.17 三轴 CD 试验应力-应变-体变曲线

根据试验确定的应力 p、应变 ε_s 见表 3.10，根据颗粒筛分确定的粒组含量见表 3.10，同时根据级配方程拟合得到的级配参数 a、m 及计算得到的破碎指标 B_w、B_g 也见表 3.10。

表 3.10 三轴剪切过程中的颗粒级配

σ_3 /MPa	ε_s /%	p /MPa	粒组含量/%						级配参数		破碎指标	
			20～10mm	10～5mm	5～2mm	2～1mm	1～0.5mm	<0.5mm	a	m	B_w	B_g
初始级配			30.8	24.2	21.2	9.6	5.9	8.4	0.4	0.8		
0.2	4.41	0.57	26.6	23.6	22.6	10.9	6.8	9.4	0.538	0.836	7.6	4.7
	9.95	0.58	25.6	23.3	22.9	11.2	7.1	9.9	0.557	0.829	10.5	6.1
	13.4	0.56	24.8	23.0	23.3	11.4	7.2	10.3	0.582	0.844	11.3	6.8
0.5	3.37	1.14	26.0	23.6	23.1	11.1	6.9	9.5	0.561	0.849	8.3	5.3
	7.53	1.30	23.7	22.9	23.6	11.8	7.5	10.4	0.613	0.855	13.6	8.2
	14.3	1.32	22.6	22.4	24.0	12.2	7.9	10.9	0.640	0.857	16.6	9.8

续表

σ_3/MPa	ε_s/%	p/MPa	粒组含量/%						级配参数		破碎指标	
			20~10mm	10~5mm	5~2mm	2~1mm	1~0.5mm	<0.5mm	a	m	B_w	B_g
1.0	2.60	1.80	26.1	23.5	22.9	11.0	6.8	9.7	0.557	0.842	8.7	5.5
	8.56	2.37	22.2	22.1	24.0	12.4	8.2	11.5	0.648	0.849	18.9	10.8
	15.2	2.48	19.9	21.4	24.6	13.1	8.9	12.1	0.709	0.886	23.0	13.6
1.5	1.63	2.16	25.3	23.5	23.2	11.0	7.2	9.8	0.587	0.863	9.3	6.1
	5.34	3.01	21.5	21.5	24.2	12.6	8.2	12.1	0.673	0.853	22.0	12.4
	16.3	3.57	16.5	20.1	25.9	14.9	9.7	13.1	0.783	0.943	29.6	18.2

将表 3.10 中的应力 p、剪应变 ε_s 以及破碎指标 B_w、B_g 分别代入式（3.22）进行拟合，其中，$h_s = 12.4$MPa，得到的拟合参数为：$\alpha_1 = 0.313$，$\beta_1 = 27.6$；$\alpha_1 = 0.176$，$\beta_1 = 28.1$。

将表 3.10 中的 ε_s 与 p 的试验值代入 $B_w\left[\ln(h_s/p)\right]$ 和 $B_g\left[\ln(h_s/p)\right]$ 得到图 3.18 中的试验值，α_1、β_1 和 α_2、β_2 代入 $\alpha_1\left[1-\exp(-\beta_1\varepsilon)\right]$ 和 $\alpha_2\left[1-\exp(-\beta_1\varepsilon)\right]$ 得到图 3.18 中的拟合曲线。

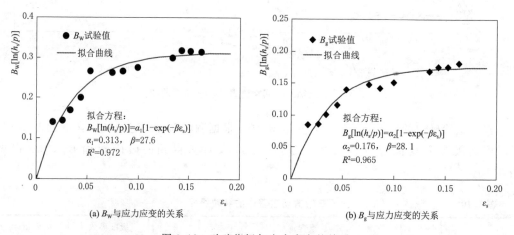

(a) B_w 与应力应变的关系　　　　　　(b) B_g 与应力应变的关系

图 3.18　破碎指标与应力应变的关系

由图 3.18 可得，拟合曲线与试验值大致吻合，进一步证明了式（3.22）对应粗颗粒土的破碎指标 B_w 和 B_g 与应力应变间的关系描述效果较好。其中，拟合得到的参数 β 相近，约等于 28，进一步说明了参数 β 既可以通过拟合得到，也可以通过临界状态剪应变按照式（3.23）进行估算。理论上讲，式（3.22）对于破碎指标的预测越准确，则代入模型式（3.23）时对于当前应力应变状态下的级配分布预测也越准确。下面将以围压 2.0MPa 时的试验数据为例，来验证式（3.23）的合理性。

3.4.3　模型验证

此处继续以围压 2.0MPa 为例，应力 p、应变 ε_s 及破碎指标试验值见表 3.11。

围压 /MPa	ε_s /%	p /MPa	试验值/%		预测值/%		预测级配	
			B_W	B_g	B_W	B_g	a	m
2.0	2.99	3.21	12.5	7.7	13.0	7.4	0.580	0.829
	7.91	4.15	24.3	13.2	25.4	14.3	0.702	0.862
	17.54	4.63	30.3	16.6	31.5	17.7	0.756	0.889

表 3.11　　　　　　　　　围压 2.0MPa 时颗粒级配试验值及预测值

3.4.2 节中，围压 0.2MPa、0.5MPa、1.0MPa 和 1.5MPa 时的试验值确定了式（3.22）中的破碎参数为：$h_s = 12.4$MPa，$\alpha_1 = 0.313$，$\alpha_1 = 0.176$，将参数 β 统一定为 28，代入式（3.26）预测得到的各应力应变状态下的破碎指标见表 3.11，同时根据破碎指标预测值计算出了对应的级配参数 a 和 m。

分别将 ε_s 为 2.99、7.91 和 17.54 的破碎指标试验值及应力应变值绘制在 $B[\ln(h_s/p)]$-ε_s 坐标系中，如图 3.19 所示。

由图 3.19 可见，围压 2.0MPa 时，在 $B[\ln(h_s/p)]$-ε_s 坐标系下的破碎指标预测值与实际值相差不大，进一步证明了式（3.26）对于破碎指标与应力应变关系描述效果是较好的。

根据表 3.10 中的级配参数预测值绘制成了级配曲线，并与颗粒筛分确定的级配曲线进行了对比，如图 3.20 所示。

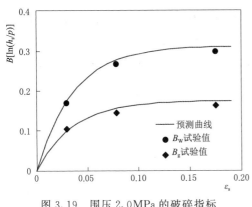

图 3.19　围压 2.0MPa 的破碎指标
预测值与试验值对比

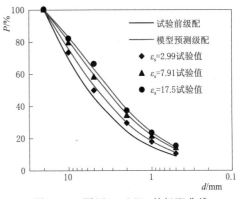

图 3.20　围压 2.0MPa 的级配曲线
预测值与试验值对比

由图 3.20 可见，总体上讲，模型式（3.26）预测的级配曲线与试验值相差不大，其中，ε_s 为 2.99% 和 7.91% 时的预测级配曲线与试验值基本重合，这是由于模型对于其破碎指标的预测值与试验值吻合较好，如图 3.20 所示；对 ε_s 为 17.5% 时的级配曲线预测效果稍差，从图 3.20 上来看，这是由于模型对于其破碎指标的预测值略大于试验值。总的来说，模型基本能够描述出当前应力状态下的级配分布，证明了该模型能够描述一般应力状态下级配随应力应变演化的规律。

综上所述，该级配演化模型的适用性主要取决于两个环节：

（1）级配方程对于级配分布的描述能力。对于该级配方程的适用性、数学性质以及实际应用，在第 2 章中都有较为详细的论证和介绍：该级配方程基本能够描述出常见的级配曲线，且对于现有级配曲线的拟合效果都较好。

（2）两个破碎指标与应力应变之间函数关系的适用性。本书总结的经验函数经过两种土料的过程剪切试验进行了验证，具有一定的适用性。

3.5　本章小结

本章将上一章所提出的级配方程应用于对级配分布的定量描述，建立了"应力应变→破碎指标→级配参数"的数学模型，可以用来揭示粗粒土的颗粒破碎的演化规律。主要结论如下：

（1）提出了一个新的破碎指标 B_W 用来描述颗粒级配的整体变化，沿用了 Marsal 所定义的破碎指标 B_g，将 B_W 和 B_g 同时作为模型所需要的两个破碎指标，并分别推导了 B_W 和 B_g 与级配参数 b 和 m 之间的函数关系。同时，利用试验数据证明了将级配参数 b 和 m 代入该函数关系所计算的破碎指标与利用筛分试验确定的级配曲线所计算的破碎指标相符，即完成了模型建立的第一个步骤"破碎指标→级配参数"。

（2）根据三轴 CD 试样在各围压下破坏时的破碎规律，总结出了 B_W 和 B_g 与围压之间的指数函数关系，并成功预测了不同围压下三轴试样破坏时的级配分布，初步验证了模型建立的思路是合理的。

（3）利用现有的颗粒破碎数据总结出了一般应力状态下 B_W 和 B_g 与平均正应力 p 和剪应变 ε_s 之间的经验公式，然后利用不同的土料做了一组试验进一步验证了该经验公式的适用性，完成了模型建立的第二个步骤，"应力应变→破碎指标"。至此，建立了完整的"应力应变→破碎指标→级配参数"的数学模型；同时，利用该模型成功预测了已知应力应变状态下的颗粒破碎指标，以及具体的级配分布。

参考文献

［1］朱俊高，王元龙，贾华，等.粗粒土回弹特性试验研究［J］.岩土工程学报，2011，33（6）：950-954.

［2］XIAO Y，LIU H，CHEN Y，et al. Bounding Surface Model for Rockfill Materials Dependent on Density and Pressure under Triaxial Stress Conditions［J］. Journal of Engineering Mechanics，2014，140（4）：04014002.

［3］BAUER E. Hypoplastic modelling of moisture-sensitive weathered rockfill materials［J］. Acta Geotechnica，2009，4（4）：261.

［4］李罡，刘映晶，尹振宇，等.粒状材料临界状态的颗粒级配效应［J］.岩土工程学报，2014，36（3）：452-457.

［5］TONG C X，ZHANG K F，ZHANG S，et al. A stochastic particle breakage model for granular soils subjected to one-dimensional compression with emphasis on the evolution of coordination number［J］. Computers and Geotechnics，2019，112：72-80.

［6］刘斯宏，黄明坤，王子健，等.破碎性堆石料单剪试验研究［J］.岩土工程学报，2015，37（8）：1503-1508.

［7］ MARSAL R J. Large – scale testing of rockfills materials ［J］. Journal of the soil mechanics and foundation engineering ASCE，1967，93（2）：27 – 44.

［8］ HARDIN B O. Crushing of Soil Particles ［J］. Journal of Geotechnical Engineering，1985，111（10）：1177 – 1192.

［9］ EINAV I. Breakage mechanics – part I：theory ［J］. Journal of the Mechanics and Physics of Solids，2007，55（6）：1274 – 1297.

［10］ KIKUMOTO M，Wood D M，Russell A. Particle crushing and deformation behaviour ［J］. Soils & Foundations，2010，50（4）：547 – 563.

［11］ 贾宇峰 . 考虑颗粒破碎的粗粒土本构关系研究 ［D］. 大连：大连理工大学，2008.

［12］ 国家质量技术监督局，中华人民共和国国家标准 . 土工试验方法标准：GB/T 50123—1999 ［S］. 北京：中国计划出版社，1999.

［13］ 陈生水，韩华强，傅华 . 循环荷载下堆石料应力变形特性研究 ［J］. 岩土工程学报，2010，32（8）：1151 – 1157.

［14］ 傅华，凌华，蔡正银 . 粗颗粒土颗粒破碎影响因素试验研究 ［J］. 河海大学学报（自然科学版），2009，37（1）：75 – 79.

［15］ 赵晓菊，凌华，傅华，等 . 级配对堆石料颗粒破碎及力学特性的影响 ［J］. 水利与建筑工程学报，2013，11（4）：175 – 178.

［16］ 凌华，殷宗泽，朱俊高，等 . 堆石料强度的缩尺效应试验研究 ［J］. 河海大学学报（自然科学版），2011，39（5）：540 – 544.

［17］ SALIM W，INDRARATNA B. A new elastoplastic constitutive model for coarse granular aggregates incorporating particle breakage ［J］. Canadian Geotechnical Journal，2004，41（4）：657 – 671.

［18］ BAUER E. Calibration of a comprehensive hypoplastic model for granular materials ［J］. Soils and Foundations，1996，36（1）：13 – 26.

［19］ PRÉVOST J H，HÖEG K. Soil mechanics and plasticity analysis of strain softening ［J］. Géotechnique，1975，25（2）：279 – 297.

［20］ 贾宇峰，王丙申，迟世春 . 堆石料剪切过程中的颗粒破碎研究 ［J］. 岩土工程学报，2015，37（9）：1692 – 1697.

［21］ El SOHBY M A. Elastic behavior of sand ［J］. The Journal of Soil Mechanics and Foundation Division，American Society of Civil Engineers，1969，95（6）：1393 – 1409.

第 4 章

粗粒土的颗粒破碎耗能及剪胀方程

　　粗粒土在剪切条件下不仅发生剪切变形，还会发生体积变形，由剪切引起的土体体积变化的特征通常被称为剪胀，剪缩是负的剪胀[1-4]。粗粒土的剪胀特性表现为：在初始孔隙比或围压较大时常发生剪缩，而在初始孔隙比或围压较小时常出现剪胀。现有本构模型大多是基于黏土或砂土所建立的，由于粗粒土的颗粒破碎效应显著，其剪胀特性更为复杂，使得一般的模型对粗粒土的剪胀性描述效果较差[5-10]。剪胀方程描述的是塑性应变与应力的关系，是弹塑性模型建立的基础，因而构造适用于粗粒土的剪胀方程一直以来都是粗粒土本构模型研究的热点和难点。

　　近年来，针对粗粒土的剪胀特性及剪胀方程已展开了大量的研究，其中，影响及应用最广泛的是 Rowe 剪胀方程和剑桥模型剪胀方程及其改进式[11-16]。由于上述两种剪胀方程形式简单、理论完备，因此不少学者都曾在此基础上进行改进，使得剪胀方程对粗粒土的适用性显著提高。其中，在 Rowe 剪胀方程的基础上考虑颗粒破碎耗能，是重要的思路之一[17-20]。但是，按照现有的方法计算所得的破碎耗能可能会随着破碎量的增大而减小甚至变为负数的情况；由于颗粒破碎是不可逆的，因而颗粒破碎耗能是不可能减小或者为负数的。从能量的角度分析，破碎耗能是"因"，颗粒破碎是"果"，对于破碎耗能的研究应该建立在颗粒破碎演化规律的基础之上。因此，本章根据第 3 章中提出的颗粒破碎的演化规律，提出了一种新的颗粒破碎耗能的计算方法，使得计算得到的破碎能更为合理，并在此基础上提出了一个考虑颗粒破碎影响的剪胀方程，同时，将其推广到了三维应力状态下。

4.1　颗粒破碎耗能的计算方法

4.1.1　弹性应变对剪胀比的影响

　　土体的剪胀比 d_g 被定义为塑性体积应变增量 $\mathrm{d}\varepsilon_v^p$ 与塑性剪切应变增量 $\mathrm{d}\varepsilon_s^p$ 之比，即

$$d_g = \mathrm{d}\varepsilon_v^p / \mathrm{d}\varepsilon_s^p \tag{4.1}$$

　　在弹塑性理论框架下，总应变由弹性应变和塑性应变组成，其中，塑性应变增量可表示为

$$\left.\begin{array}{l} \mathrm{d}\varepsilon_v^p = \mathrm{d}\varepsilon_v - \mathrm{d}\varepsilon_v^e \\ \mathrm{d}\varepsilon_s^p = \mathrm{d}\varepsilon_s - \mathrm{d}\varepsilon_s^e \end{array}\right\} \tag{4.2}$$

　　对于塑性应变的计算，剑桥模型假设剪应变是不可恢复的，即 $\mathrm{d}\varepsilon_s^e = 0$，而弹性体积

应变 $d\varepsilon_v^e$ 与平均正应力 p 相关：

$$d\varepsilon_v^e = \frac{\kappa}{1+e_0}\frac{dp}{p} \tag{4.3}$$

式中：e_0 为土体的初始孔隙比。

El SOHBY[21] 曾指出，散粒材料的弹性体积应变用式（4.4）表示更为合理：

$$\varepsilon_v^e = t_1 \left(\frac{p}{p_a}\right)^{t_2} \tag{4.4}$$

总的来说，目前大多数学者都将弹性剪应变忽略，只考虑弹性体积应变[19]；或者将两者都忽略[20]。然而，粗粒土的卸载回弹三轴试验表明，弹性大主应变 ε_1^e 占总应变 ε_1 的比例一般为 $10\%\sim30\%$，如图 4.1 所示，当偏应力 $(\sigma_1-\sigma_3)$ 卸载至 0 时，恢复的部分为弹性大主应变 ε_1^e，残余部分则为塑性应变 ε_1^p。

弹性大主应变 ε_1^e 可以表示为偏应力差与回弹模量之比：

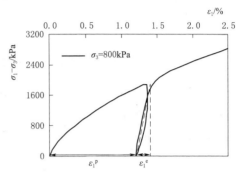

图 4.1 粗粒土卸载回弹试验

$$\varepsilon_1^e = \frac{\Delta(\sigma_1-\sigma_3)}{E_{ur}} \tag{4.5}$$

其中，回弹模量可以表示为弹性模量 E_i 的 K_{ur} 倍数，E_i 则可以表示为围压的函数：

$$\left.\begin{array}{l} E_{ur} = K_{ur}E_i \\ E_i = Kp_a\left(\sigma_3/p_a\right)^{n_d} \end{array}\right\} \tag{4.6}$$

朱俊高等[22] 建议对于粗粒土的 K_{ur} 可以选择 $2.5\sim5$。K 和 n_d 通过试验结果拟合。

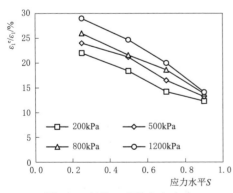

图 4.2 粗粒土弹性大主应变
占比与应力水平的关系

在三轴试验中，弹性主应变占总应变的比例，如图 4.2 所示，随着围压的增大，弹性应变占比增大；随着应力水平的增大，弹性应变占比减小。总的来说，弹性应变占比是可观的，因此，弹性应变对于剪胀比的影响值得深入研究。

三轴试验中，弹性剪应变 ε_s^e 又可以通过下式来计算：

$$\varepsilon_s^e = \varepsilon_1^e - \frac{1}{3}\varepsilon_v^e \tag{4.7}$$

综上可得，三轴试验体积应变和剪应变中的弹性部分可以分别利用式（4.4）和式（4.7）

进行计算，从而研究弹性应变对于剪胀比的影响。

下面以粗粒土 15 为例来研究弹性应变对剪胀比的影响，其应力应变曲线如图 4.3 所示。初始弹性模量与围压之间的关系利用式（4.6）拟合得到的参数为 $K=815$，$n_d=0.374$。

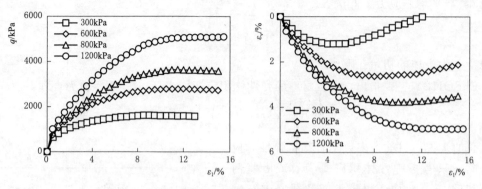

图 4.3　粗粒土 15 的三轴试验结果（引自赵庆红[23]）

分别以式（4.4）和式（4.7）计算弹性体变和弹性剪应变，选择回弹模量的倍数 $K_{ur}=3$，弹性体积应变参数为：$t_1=0.02\%$，$t_2=0.43$。计算得到的弹性剪应变和弹性体积应变占比分别如图 4.4 和图 4.5 所示。

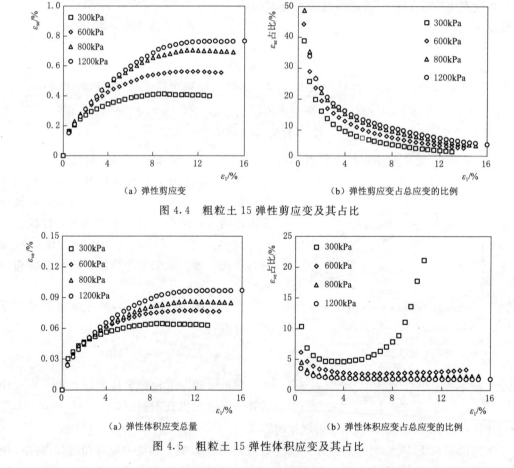

（a）弹性剪应变　　　　　　　　　　（b）弹性剪应变占总应变的比例

图 4.4　粗粒土 15 弹性剪应变及其占比

（a）弹性体积应变总量　　　　　　　（b）弹性体积应变占总应变的比例

图 4.5　粗粒土 15 弹性体积应变及其占比

由图 4.4（a）和图 4.5（a）可见，在剪切初始阶段，粗粒土的剪应变和体积应变随着大主应变的增加而增加，但是增加的速率是逐渐减小的，直至趋向定值。由图 4.4（b）

和图 4.5（b）可见粗粒土的剪应变和体积应变在剪切初始阶段所占比例较大，其中剪应变占比高达 50% 左右，随着轴向应变的增加，弹性应变占比逐渐下降并趋于稳定。围压 300kPa 时的体积应变占比随 ε_1 而增大，是由于发生了剪胀，导致总体变量逐渐接近于 0，如图 4.5（b）所示。但是，总的来说，随着加载剪切的持续进行，弹性应变所占比例显著递减并趋向于 0，即此时剪切变形和体积变形都主要以塑性应变为主。

进一步地，图 4.6 给出了总应变比增量 $\mathrm{d}\varepsilon_v/\mathrm{d}\varepsilon_s$ 和塑性应变比增量 $\mathrm{d}\varepsilon_v^p/\mathrm{d}\varepsilon_s^p$ 的对比，以最小试验围压 300kPa 和最大围压 1200kPa 为例。由图 4.6 可见，当应力比 η 较小时，塑性应变增量比 $\mathrm{d}\varepsilon_v^p/\mathrm{d}\varepsilon_s^p$ 略高于总应变增量比 $\mathrm{d}\varepsilon_v/\mathrm{d}\varepsilon_s$，这是由于剪切初始阶段弹性剪应变增量 $\mathrm{d}\varepsilon_s^e$ 占比较大，塑性剪应变增量 $\mathrm{d}\varepsilon_s^p$ 明显小于总剪应变增量 $\mathrm{d}\varepsilon_s$，因而 $\mathrm{d}\varepsilon_v^p/\mathrm{d}\varepsilon_s^p$ 大于 $\mathrm{d}\varepsilon_v/\mathrm{d}\varepsilon_s$；当应力比 η 增大时，塑性应变比和总应变比基本相等，这是由于弹性体积应变增量 $\mathrm{d}\varepsilon_v^e$ 和弹性剪应变增量 $\mathrm{d}\varepsilon_s^p$ 趋向于 0，如图 4.4（a）和图 4.5（a）所示，因此，$\mathrm{d}\varepsilon_v^p/\mathrm{d}\varepsilon_s^p$ 等于 $\mathrm{d}\varepsilon_v/\mathrm{d}\varepsilon_s$。

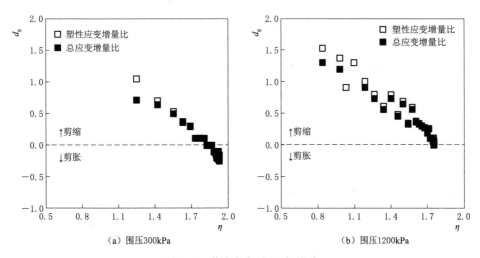

（a）围压300kPa　　　　　　　　　　（b）围压1200kPa

图 4.6　弹性应变对 d_g 的影响

综上可得，塑性应变增量比 $\mathrm{d}\varepsilon_v^p/\mathrm{d}\varepsilon_s^p$ 略大于总应变比增量 $\mathrm{d}\varepsilon_v/\mathrm{d}\varepsilon_s$，且随着应力比的增加，两者基本相等。但是，为确定土体的弹性应变，需要进行卸载回弹试验确定弹性参数，较为烦琐。为简单处理，可以将 $\mathrm{d}\varepsilon_v^p/\mathrm{d}\varepsilon_s^p$ 近似表示为 $\mathrm{d}\varepsilon_v/\mathrm{d}\varepsilon_s$。

4.1.2　颗粒破碎耗能的计算

1.2.4 节中已经讨论过，Rowe 剪胀方程由于没有考虑颗粒破碎对于土体变形的影响，所描述的土体剪胀性误差较为明显。因此，Ueng 等[17] 在 Rowe 剪胀方程的基础上引入了颗粒破碎耗能，得到的剪胀方程为

$$\frac{\sigma_1}{\sigma_3} = \left(1 + \frac{\mathrm{d}\varepsilon_v}{\mathrm{d}\varepsilon_1}\right)\tan^2\left(45° + \frac{\varphi_f}{2}\right) + \frac{\mathrm{d}E_B}{\sigma_3\mathrm{d}\varepsilon_1}(1 + \sin\varphi_f) \tag{4.8}$$

式中：$\mathrm{d}E_B$ 为单位体积颗粒破碎耗能；φ_f 为不考虑剪胀和颗粒破碎的摩擦角（φ_{cv} 为粗粒土在常体积变形时的极限摩擦角[24]；φ_μ 为颗粒材料的摩擦角。有时三者会被替换使用，

其大小关系为 $\varphi_\mu \leqslant \varphi_f \leqslant \varphi_{cv}$）。

Salim 等[18]将临界状态应力比 M_c 表示为 φ_f 的函数：

$$M_c = \frac{6\sin\varphi_f}{3-\sin\varphi_f} \tag{4.9}$$

一方面，对于式（4.9）进行简单的数学变换可得

$$\left.\begin{array}{l} \tan^2\left(45°+\dfrac{\varphi_f}{2}\right)=\dfrac{1+\sin\varphi_f}{1-\sin\varphi_f}=\dfrac{3+2M_c}{3-M_c}\\[3mm] 1+\sin\varphi_f=\dfrac{6+4M_c}{6+M_c} \end{array}\right\} \tag{4.10}$$

另一方面，在三轴应力状态下，应力和应变之间的关系为

$$\left.\begin{array}{l} \sigma_1=p+\dfrac{2}{3}q\\[3mm] \sigma_3=p-\dfrac{1}{3}q\\[3mm] d\varepsilon_1=d\varepsilon_s+\dfrac{1}{3}d\varepsilon_v \end{array}\right\} \tag{4.11}$$

将式（4.10）和式（4.11）代入式（4.8）可得

$$p d\varepsilon_v + q d\varepsilon_s = M_c p d\varepsilon_s + \frac{2q-3p}{9}M_c d\varepsilon_v + dE_b \tag{4.12}$$

$$\frac{d\varepsilon_v}{d\varepsilon_s}=\frac{9(M_c-\eta)}{9+3M_c-2\eta M_c}+\frac{1}{9+3M_c-2\eta M_c}\frac{9dE_b}{p d\varepsilon_s} \tag{4.13}$$

式（4.12）和式（4.13）是等价的，式（4.12）是能量的表达式，式（4.13）则是应变增量比的形式。其中，dE_b 为土体颗粒破碎耗能增量，$dE_b=\dfrac{(3-M_c)(6+4M_c)}{3(6+M_c)}dE_B$。

4.1.1 节已证明，忽略弹性应变的影响对于剪胀比的影响并不大，即 $d\varepsilon_v^p/d\varepsilon_s^p \approx d\varepsilon_v/d\varepsilon_s$，因此，在式（4.13）的基础上忽略弹性应变，则式（4.13）可表示为

$$d_g=\frac{d\varepsilon_v^p}{d\varepsilon_s^p}=\frac{9(M_c-\eta)}{9+3M_c-2\eta M_c}+\frac{1}{9+3M_c-2\eta M_c}\frac{9dE_b}{p d\varepsilon_s} \tag{4.14}$$

式（4.14）即为在 Rowe 理论的基础上考虑颗粒破碎的剪胀方程。其中，当不考虑颗粒破碎耗能时，即 $dE_b=0$，式（4.14）退化为 Rowe 剪胀方程：

$$d_g=\frac{d\varepsilon_v^p}{d\varepsilon_s^p}=\frac{9(M_c-\eta)}{9+3M_c-2\eta M_c} \tag{4.15}$$

由于颗粒破碎耗能无法直接计量，只能通过式（4.12）进行换算，其中：

总输入能增量　$dE_t=p d\varepsilon_v+q d\varepsilon_s$

土体颗粒摩擦耗能增量　$dE_f=M_c p d\varepsilon_s$（剑桥模型假设）

土体剪胀做功增量　$dE_d=\dfrac{2q-3p}{9}M d\varepsilon_v$（Rowe 剪胀模型假设）

颗粒破碎耗能增量　dE_b（Ueng 颗粒破碎耗能假设）

由于 dE_t、dE_f 和 dE_d 可以直接通过应力和应变增量计算，因此，破碎耗能 dE_b 可通过式（4.16）计算：

$$\mathrm{d}E_\mathrm{b} = p\mathrm{d}\varepsilon_\mathrm{v} + q\mathrm{d}\varepsilon_\mathrm{s} - M_\mathrm{c}p\mathrm{d}\varepsilon_\mathrm{s} + \frac{2q-3p}{9}M_\mathrm{c}\mathrm{d}\varepsilon_\mathrm{v} \tag{4.16}$$

式（4.16）是应用较为广泛的破碎耗能计算公式。显然，颗粒破碎是不可逆的，则颗粒破碎耗能应至少满足两个特征：① 不可能为负数；② 不可能在剪切过程中减小。但是，根据现有的假设，利用式（4.16）计算得到的 E_b 是违反颗粒破碎耗能不可逆定律的。其中，剪胀做功 $\mathrm{d}E_\mathrm{d} = \frac{2q-3p}{9}M\mathrm{d}\varepsilon_\mathrm{v}$ 较小，可忽略不计：一是因为 $\mathrm{d}\varepsilon_\mathrm{v}$ 较小，二是因为 $(2q-3p)$ 通常接近于 0，因此，在以下分析中，为方便起见，假设剪胀做功 $\mathrm{d}E_\mathrm{d} = 0$。

首先，以马吉堆石料为例，如图 4.7（a）所示，临界状态应力比 $M_\mathrm{c} = 1.48$，根据式（4.16）计算得到的 E_b 如图 4.7（b）所示。由图 4.7（b）可见，在剪切的初始阶段，E_b 为负值，违反了破碎能不可逆的特征（1）。其原因为：在剪切初始阶段，应力比 q/p 明显小于临界状态应力比 M_c，则 $q\mathrm{d}\varepsilon_\mathrm{s} < M_\mathrm{c}p\mathrm{d}\varepsilon_\mathrm{s}$；体积应变增量 $\mathrm{d}\varepsilon_\mathrm{v}$ 较小可忽略不计，则 $p\mathrm{d}\varepsilon_\mathrm{v}$ 可视为 0。因此，$p\mathrm{d}\varepsilon_\mathrm{v} + q\mathrm{d}\varepsilon_\mathrm{s} < M_\mathrm{c}p\mathrm{d}\varepsilon_\mathrm{s}$，根据式（4.16）可得 $\mathrm{d}E_\mathrm{b} < 0$，因此，剪切初始阶段颗粒破碎耗能 E_b 小于 0。

进一步地，以双江口堆石料为例，如图 4.8（a）所示，临界状态应力比 $M_\mathrm{c} = 1.61$，根据式（4.16）计算得到了破碎耗能 E_b 如图 4.8（b）所示。由图 4.8（b）可见，随着轴向应变的增加，E_b 逐渐减小，甚至为负值，违反了破碎能不可逆的特征（1）和特征（2）。其原因为：当粗粒土发生明显的剪胀时，即 $\mathrm{d}\varepsilon_\mathrm{v} < 0$，则 $p\mathrm{d}\varepsilon_\mathrm{v} < 0$；同时，应力比 q/p 接近于临界状态应力比 M_c，则 $q\mathrm{d}\varepsilon_\mathrm{s} = M_\mathrm{c}p\mathrm{d}\varepsilon_\mathrm{s}$，因此 $p\mathrm{d}\varepsilon_\mathrm{v} + q\mathrm{d}\varepsilon_\mathrm{s} < M_\mathrm{c}p\mathrm{d}\varepsilon_\mathrm{s}$，根据式（4.16）即为 $\mathrm{d}E_\mathrm{b} < 0$，所以开始出现 E_b 随着应变的增加而减小，且持续减小为负值，如图 4.8（b）所示。值得注意的是，图 4.7（b）中，马吉堆石料所计算得到的 E_b 之所以并未出现随应变

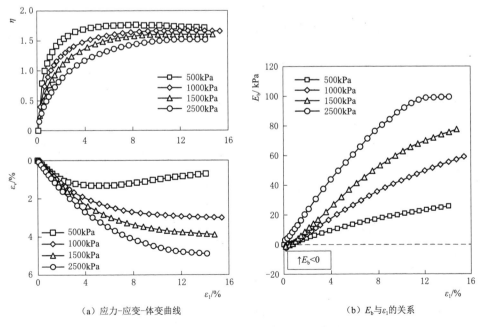

（a）应力-应变-体变曲线　　　　　　　　　（b）E_b 与 ε_1 的关系

图 4.7　马吉堆石料的颗粒破碎耗能（$M = M_\mathrm{c} = 1.48$）

增大而减小的趋势，是因为体变的剪胀并不明显或者没有剪胀，即没有出现 $d\varepsilon_v<0$ 的情况。可见，剪胀性越明显的土体，根据式（4.16）计算得到的破碎耗能 E_b 越容易违反破碎能不可逆定律。

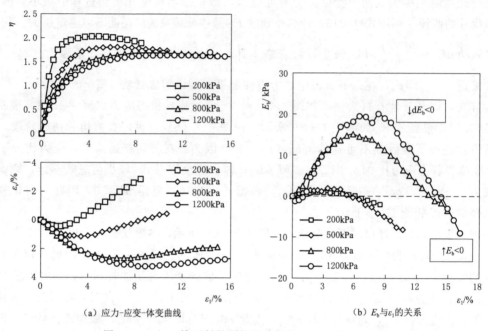

（a）应力-应变-体变曲线　　　　　（b）E_b 与 ε_1 的关系

图 4.8　双江口堆石料的颗粒破碎耗能（$M=M_c=1.61$）

4.1.3　摩擦系数的确定

式（4.16）中，输入能 $p d\varepsilon_v+q d\varepsilon_s$ 是确定的，而剪胀做功 $\dfrac{2q-3p}{9}M_c d\varepsilon_v$ 较小可忽略不计，所以，根据式（4.16）计算得到的 dE_b 主要取决于摩擦能增量 $M_c p d\varepsilon_s$ 的大小。根据上一节的分析，E_b 之所以违反了颗粒破碎耗能不可逆定律，其原因在于计算得到的破碎能增量 dE_b 偏小，这说明摩擦能增量 $M_c p d\varepsilon_s$ 是偏大的。换言之，将临界状态应力比 M_c 作为摩擦系数是偏大的。贾宇峰等[19]、米占宽等[20]都曾意识到这一矛盾，因此，建议将式（4.14）和式（4.16）中的 M_c 根据应变状态进行折减，折减之后的摩擦系数用 M 表示，贾宇峰选用的折减方案为

$$M=\frac{\varepsilon_s}{j_1+j_2\varepsilon_s}+M_c-\frac{1}{j_2} \tag{4.17}$$

式中：j_1 和 j_2 为试验参数。

米占宽等[20]则建议 M 与剪应变 ε_s 和峰值应力比 M_f 呈双曲线关系：

$$M=M_f\frac{\varepsilon_s}{M_i+\varepsilon_s} \tag{4.18}$$

式中：M_i 为围压的函数；M_f 为各围压下的峰值应力比，非定值。

总的来说，式（4.17）和式（4.18）虽然解决了 E_b 违反颗粒破碎耗能不可逆定律的

问题，但是参数较多使得实用性降低；且人为设计的痕迹较为明显，与颗粒破碎的演化规律结合得并不紧密。笔者在第 3 章研究了粗粒土的颗粒破碎演化规律，提出了颗粒破碎指标（以 B_g 为例）与应力应变的如下关系式：

$$B_g = \frac{\alpha_2[1-\exp(-\beta\varepsilon_s)]}{\ln(h_s/p)} \tag{4.19}$$

笔者认为，剪切过程可以分为三个阶段：①在剪切的初始阶段，颗粒间的相对运动较小，则摩擦系数 M 较小，颗粒的摩擦耗能较小。此时，土体以弹性变形为主，输入能主要被颗粒吸收为弹性能，而弹性能实际上可以视为破碎储能，此时的破碎量较小，当颗粒吸收足够破碎储能后则颗粒破碎发生。②在剪切过程中，土体变形加剧，发生显著的颗粒翻滚、重排列现象，则颗粒间的摩擦系数 M 增大；同时，破碎量也是增加的。③当土体达到临界状态时，临界状态时的体变增量 $d\varepsilon_v=0$，应力比 $q/p=M_c$，代入式（4.16）可得此时 $M=M_c$，M 增大到其最大值为 M_c；而根据式（4.19），颗粒破碎在临界状态时也趋于定值，则破碎量达到其最大值。

基于以上分析可以发现，M 的变化与颗粒破碎是同时发生的，且变化规律与破碎量的变化规律是相似的。因此，摩擦系数 M 应满足如下三点要求：①剪切初始阶段，摩擦系数 M 较小；②在剪切过程中，摩擦系数 M 随着应变的增加而增加；③当土体达到临界状态时，摩擦系数 M 等于临界状态应力比 M_c。基于此，笔者构造的 M 与 ε_s 的关系与式（4.19）中破碎指标 B_g 的表达式类似，且忽略了应力 p 的影响。主要原因为：剪应变 ε_s 在整个剪切过程中都是持续增大的，而应力 p 在加载剪切的初始阶段增长较快，随后在长时间内都保持为定值，即分母 $\ln(h_s/p)$ 为定值，即剪应变 ε_s 对于颗粒破碎的影响远大于应力 p。因此，笔者认为摩擦系数 M 主要与剪应变 ε_s 相关：

$$\frac{M}{M_c} = 1-\exp(-\beta\varepsilon_s) \tag{4.20}$$

将式（4.14）中的临界状态应力比 M_c 按照式（4.20）进行折减，得到的新的剪胀方程的表达式为

$$d_g = \frac{9(M-\eta)}{9+3M-2\eta M} + \frac{1}{9+3M-2\eta M}\frac{9dE_b}{pd\varepsilon_s} \tag{4.21}$$

其中，破碎耗能 dE_b 的计算式由式（4.16）改变为

$$dE_b = pd\varepsilon_v + qd\varepsilon_s - Mpd\varepsilon_s + \frac{2q-3p}{9}Md\varepsilon_v \tag{4.22}$$

由于马吉堆石料和双江口堆石料在三轴 CD 试验过程中的体变量都未趋于稳定，即尚未达到临界状态，因此在参数 β 的常用取值范围内将其确定为 $\beta=20$（β 常用范围为 15～30，将在下节中详细讨论）；两种土料的临界应力比 M_c 分别估算为 1.48 和 1.61。将参数 β 和 M_c 代入式（4.20）得到剪切过程中的摩擦系数 M，再代入式（4.22）计算得到颗粒破碎耗能 E_b，如图 4.9 所示。图 4.9 显示，E_b 随着轴向应变的增大持续增大，且增加速率是减小的，逐渐趋于定值，完全满足颗粒破碎耗能不可逆定律。

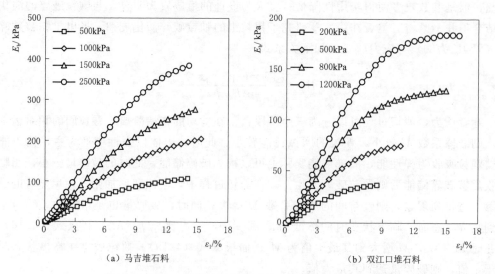

图 4.9　粗粒土颗粒破碎耗能计算（M 为 M_c 和 ε_s 函数）

4.2　考虑破碎耗能的剪胀方程

4.2.1　剪胀方程的提出

由式（4.21）可知，要确定剪胀方程，必须先确定 dE_b。一般的思路是先确定 E_b 的表达式，然后再通过微分求得 $dE_b/d\varepsilon_s$，比如，贾宇峰等[19]、米占宽等[20] 都是采用该思路。但是，事实上这种处理方式导致推导过程复杂且参数过多。笔者经对比之后发现直接将 $dE_b/(p d\varepsilon_s)$ 作为一个整体，能够简化计算，且 $dE_b/(p d\varepsilon_s)$ 与摩擦系数 M 之间的关系最为简单且适用性广泛，用线性关系描述为

$$\frac{dE_b}{p d\varepsilon_s} = A - CM \tag{4.23}$$

式中：A 和 C 为拟合参数。

将式（4.23）代入式（4.21）可得，本书确定的剪胀方程表达式为

$$d_g = \frac{9(M-\eta) + 9(A-CM)}{9 + 3M - 2\eta M} \tag{4.24}$$

继续以马吉堆石料和双江口堆石料为例，$dE_b/(p d\varepsilon_s)$ 与摩擦系数 M 之间的关系试验值及式（4.23）拟合曲线分别如图 4.10（a）和（b）。可见，式（4.23）对于 $dE_b/(p d\varepsilon_s)$ 与 M 的关系描述效果较好，得到的拟合参数分别为 $A=1.98$，$C=1.23$；$A=2.04$，$C=1.33$，拟合相关系数 R^2 分别为 0.993 和 0.957。

进一步地，将这两种土料的剪胀比-应力比试验值以及 Row 剪胀方程预测值［式（4.15）］绘制于 d_g-η 平面，同时，将拟合参数 A 和 C 代入式（4.24）的剪胀方程，得到的预测曲线分别如图 4.11（a）和（b）所示。正如 1.2.4 节中所总结的规律，粗粒

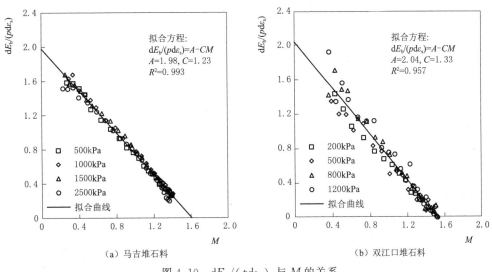

图 4.10 $dE_b/(pd\varepsilon_s)$ 与 M 的关系

土的剪胀性受到围压的影响，用一条曲线描述不同围压下的剪胀比-应力比关系是较为粗糙的，如图 4.11（a）和（b）中的 Rowe 剪胀方程预测值所示；而本书所提出的剪胀方程则较好地反映了围压的影响，且与试验值吻合较好，初步证明式（4.23）和式（4.24）是合理的。

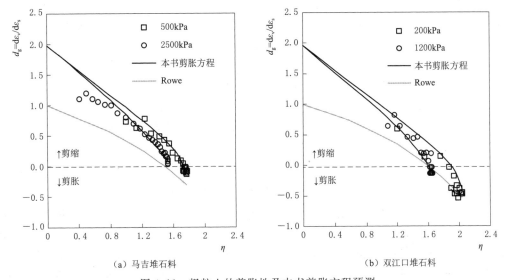

图 4.11 粗粒土的剪胀性及本书剪胀方程预测

4.2.2 剪胀参数与围压关系

为了进一步验证式（4.23）和式（4.24）的适用性，笔者总结了多组粗粒土的三轴 CD 剪切试验数据。主要分为两类：一类是剪胀特性表现为低围压下剪胀、高围压下一直剪缩；另一类则是各个试验围压都存在剪胀，见表 4.1。

表 4.1　　　　　　　　　　　　　　各 土 料 的 拟 合 参 数

土料及编号	剪 胀 特 征	M_c	β	A	C	R^2
马吉堆石料	低围压剪胀、高围压剪缩	1.49	20	1.98	1.23	0.993
双江口堆石料	各围压剪胀	1.61	20	2.04	1.34	0.957
05（引自文献［25］）	各围压剪胀	1.69	20	2.09	1.40	0.939
14（引自文献［26］）	各围压剪胀	1.40	15	1.80	1.60	0.989
07-2（引自文献［27］）	低围压剪胀、高围压剪缩	1.59	20	2.07	1.26	0.926
13-2（引自文献［28］）	低围压剪胀、高围压剪缩	1.68	20	2.09	1.19	0.986

　　首先，根据三轴 CD 试验确定了各个土料的临界状态应力比 M_c，同时在参数 β 的常用取值范围 15～30 内估算了各土料参数 β，见表 4.1。其中，估算的 β 至少能够保证 E_b 不会出现减小的情况。将 M_c 和 β 代入式（4.19）计算得到颗粒破碎耗能 dE_b，并将 dE_b 代入式（4.23）拟合得到参数 A 和 C，以及拟合相关系数 R^2，见表 4.1。其中，马吉堆石料和双江口堆石料已在前文进行了重点讨论，此处继续研究剩下的四种土料。

　　（1）试样初始孔隙比较小（各围压都存在剪胀）。

　　土料 05 和土料 14 的应力应变曲线如图 4.12（a）和图 4.13（a）所示，由体变曲线可见，这两种粗粒土在各个围压下都存在剪胀；同时，图 4.12（b）和图 4.13（b）中给出了计算得到的破碎耗能 E_b 曲线，E_b 并未出现负增长的情况，满足破碎耗能不可逆定律，说明确定的参数 β 是合理的。

　　进一步地，将参数 M_c 和 β 代入式（4.20）和式（4.22）得到图 4.12（c）和图 4.13（c）中 $dE_b/(pd\varepsilon_s)$ 与 M 的试验值，并利用式（4.23）进行拟合，得到的参数 A、C 和相关系数 R^2 见表 4.1。其中，土料 5 和土料 14 的拟合相关系数 R^2 分别为 0.939 和 0.989，说明式（4.23）对于 $dE_b/(pd\varepsilon_s)$ 与 M 的拟合效果较好，确定的参数 A 和 C 的质量较高。

　　最后，将参数 A 和 C 代入式（4.24）得到剪胀比-应力比的预测值，并以各土料的最大试验围压和最小试验围压的 d_g-η 试验值为例，与试验值进行了对比，如图 4.12（d）和图 4.13（d）所示。结果显示：本书剪胀方程式（4.24）的预测效果与试验值吻合较好，对于不同围压下的剪缩（$d_g>0$）和剪胀（$d_g<0$）的部分都能较好地反映。从对 d_g 预测数值上对比，本书剪胀方程的预测效果明显优于 Rowe 剪胀方程；同时，本书剪胀对于剪胀特征点的预测（即 $d_g=0$ 时所对应的应力比 η）与试验值吻合，而 Rowe 剪胀方程预测的各个围压下的剪胀应力比都为临界状态应力比 M_c。

　　（2）试样初始孔隙比较高（低围压剪胀、高围压剪缩）。

　　土料 07-2 和 13-2 的应力应变曲线分别如图 4.14（a）和图 4.15（a）所示，这两种粗粒土都表现出典型的低围压先剪缩后剪胀、高围压一直剪缩的特性，即高围压时 d_g 为正值，一直为剪缩；低围压时 d_g 在较大处出现负值，即出现了剪胀，如图 4.14（d）和图 4.15（d）所示。这两种土的参数 M_c、β、A 和 C 见表 4.1，将 d_g-η 试验值与剪胀方

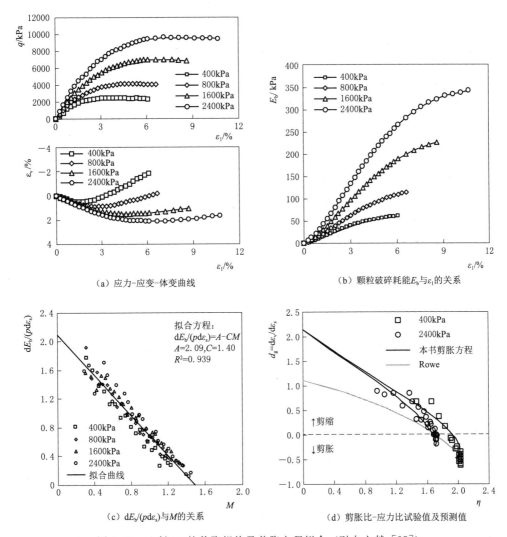

（a）应力-应变-体变曲线

（b）颗粒破碎耗能E_b与ε_1的关系

（c）dE_b/($pd\varepsilon_s$)与M的关系

（d）剪胀比-应力比试验值及预测值

图 4.12　土料 05 的剪胀规律及剪胀方程拟合（引自文献［25］）

程的拟合值进行了比较，可见本书剪胀方程的拟合曲线能显著地反映两个特点：①能够反映不同围压下的不同 d_g-η 曲线，且曲线形态与试验值吻合较好；②预测曲线对于土体剪胀部分的描述较为准确，即 $d_g<0$ 的部分，如图 4.14（d）和图 4.15（d），试验值都出现了 $d_g<0$ 的部分，即发生了剪胀，而剪胀方程的预测曲线能够较好地反映出这一特征。

综上所述，本章在颗粒破碎演化规律的基础上提出的摩擦系数 M 的折减方法，即式（4.20），对于剪切过程中破碎耗能的计算是较为合理的；基于此总结出的 dE_b/($pd\varepsilon_s$) 与 M 线性关系简单实用，且对各种粗粒土都具有广泛的适用性；最后推导的剪胀方程式（4.24）对于粗粒土先剪缩后剪胀或一直剪缩的应变特性都能够较好地描述。同时，理论和试验现象都表明，式（4.23）对 dE_b/($pd\varepsilon_s$) 与 M 拟合得到的线性关系越显著，比如，图 4.15（c）中的土料 13-2，拟合相关系数 R^2 高达 0.981，则剪胀方程式（4.24）对于剪胀性的预测越准确，如图 4.15（d）所示。

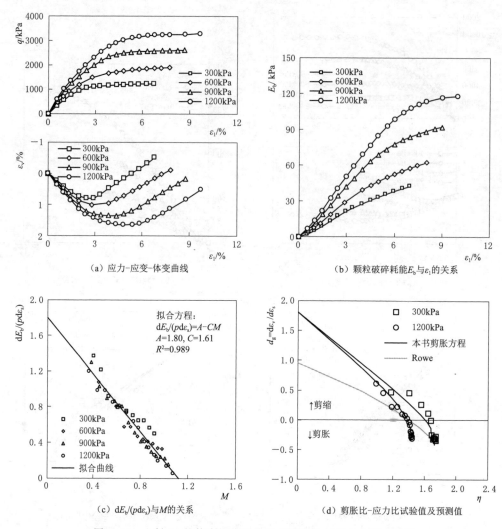

图 4.13　土料 14 的剪胀规律及剪胀方程拟合（引自文献［26］）

　　一方面，参数 M_c 和 β 都是与临界状态相关的，可以认为是与围压无关的参数；另一方面，表 4.1 中的 6 种粗粒土的 CD 试验都表明：对于同一种土料，不同围压下的 $dE_b/(pd\varepsilon_s)$ - M 关系都可以利用式（4.23）所示的同一条直线进行描述，且描述效果较好，说明 A 和 C 也是与围压无关的。可见，本书提出的剪胀方程式（4.24）的 4 个参数 M_c、β、A 和 C 都是与围压不相关的，这可以视为本书剪胀方程的优势之一。

4.2.3　剪胀参数与初始孔隙比的关系

4.2.3.1　参数 A 和 C 与 e_0 的关系总结

　　一般认为粗粒土的临界状态与围压和初始孔隙比都不相关，则临界应力比 M_c 是定值，参数 β 与临界状态相关，也可以认为是定值。1.2.4 节已总结，粗粒土的剪胀特性不仅受到围压的影响，还和初始孔隙比密切相关。因此，本章将继续研究在 M_c 和 β 一定

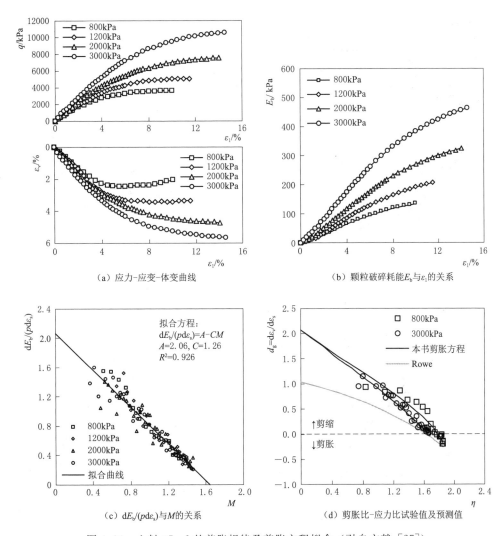

图 4.14　土料 07-2 的剪胀规律及剪胀方程拟合（引自文献 [27]）

的情况下，剪胀方程的参数 A 和 C 与初始孔隙比 e_0 的关系。

　　此处引用蔡正银等[29]的一组三轴 CD 试验数据，土料编号为 08-1、08-2 和 08-3，初始孔隙比 e_0 分别为 0.559、0.437 和 0.315，试验围压 σ_3 分别为 500kPa、1000kPa 和 2000kPa。首先，以土料 08-3 即 $e_0=0.315$ 的试样为例，由于参数 M_c、β、A 和 C 都是与围压无关的，因此选择 $e_0=0.315$，σ_3 为 500kPa、1000kPa 和 2000kPa 的三个试样，先求取参数 M_c、β、A 和 C。$e_0=0.315$ 的三个试样应力应变曲线如图 4.16（a）所示，$M_c=1.73$，$\beta=20$，代入式（4.22）计算得到颗粒破碎耗能 E_b 如图 4.16（b）所示。利用式（4.23）对三个围压下的 $dE_b/(pd\varepsilon_s)$-M 试验值进行拟合，得到参数 $A=2.14$、$C=1.25$，拟合相关系数 $R^2=0.953$，如图 4.16（c）所示。以最高围压 2000kPa 和最低围压 500kPa 的剪胀比-应力比试验值为例，利用剪胀方程式（4.24）和 Rowe 剪胀方程进行预测，如图 4.16（d）所示，可见，本书剪胀方程预测效果较好，从侧面说明了确定的参数

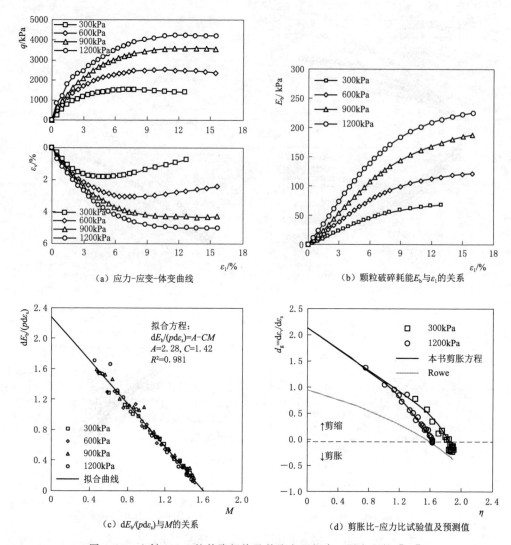

图 4.15　土料 13-2 的剪胀规律及剪胀方程拟合（引自文献 [28]）

是合理的。

　　保持参数 $M_c = 1.73$、$\beta = 20$ 不变，进而探讨参数 A 和 C 与 e_0 的关系。将试样数据整理为 σ_3 相同而 e_0 不同的三组，得到 σ_3 分别为 500kPa、1000kPa 和 2000kPa 时的应力应变曲线分别如图 4.17（a）、图 4.18（a）和图 4.19（a）所示。将前文确定的参数 $M_c = 1.73$ 和 $\beta = 20$ 代入式（4.22）得到 $dE_b/(pd\varepsilon_s) - M$ 的试验值，并将参数 $A = 2.14$ 和 $C = 1.25$ 代入式（4.23）得到 $dE_b/(pd\varepsilon_s) - M$ 的固定参数拟合曲线；同时，对 $dE_b/(pd\varepsilon_s) - M$ 试验值进行最优化拟合，得到最优拟合曲线，分别如图 4.17（b）、图 4.18（b）和图 4.19（b）所示。可以发现，当围压相同时，初始孔隙比不同的试样，其 $dE_b/(pd\varepsilon_s) - M$ 的试验值可以被同一条参数为 $A = 2.14$、$C = 1.25$ 的曲线描述，且效果依然较好，几乎与最优拟合曲线重合。这初步说明了，除参数 M_c、β 之外，参数 A 和 C 也与初始孔隙比无关。

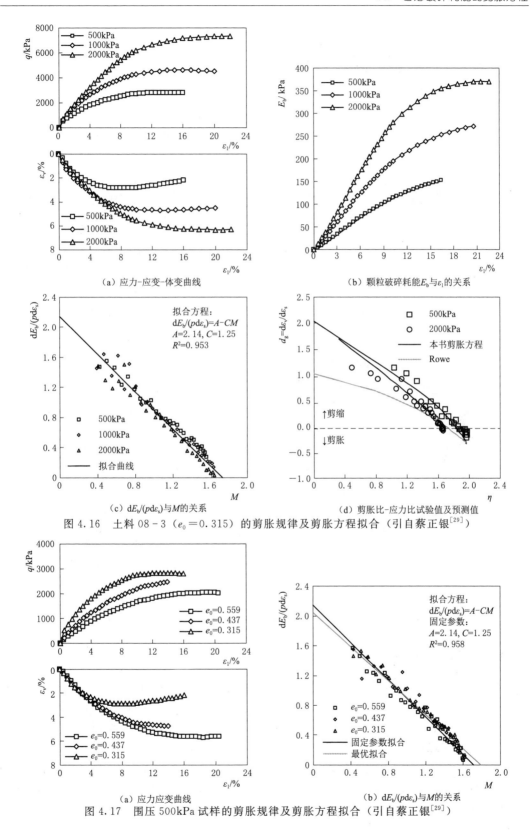

（a）应力-应变-体变曲线

（b）颗粒破碎耗能 E_b 与 ε_1 的关系

拟合方程：
$dE_b/(pd\varepsilon_s)=A-CM$
$A=2.14, C=1.25$
$R^2=0.953$

（c）$dE_b/(pd\varepsilon_s)$ 与 M 的关系

↑剪缩
↓剪胀

（d）剪胀比-应力比试验值及预测值

图 4.16　土料 08 - 3（$e_0=0.315$）的剪胀规律及剪胀方程拟合（引自蔡正银[29]）

拟合方程：
$dE_b/(pd\varepsilon_s)=A-CM$
固定参数：
$A=2.14, C=1.25$
$R^2=0.958$

（a）应力应变曲线

（b）$dE_b/(pd\varepsilon_s)$ 与 M 的关系

图 4.17　围压 500kPa 试样的剪胀规律及剪胀方程拟合（引自蔡正银[29]）

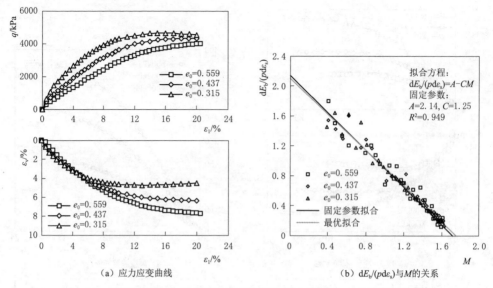

（a）应力应变曲线　　　　　　（b）dE_b/(pdε_s)与M的关系

图 4.18　围压 1000kPa 试样的剪胀规律及剪胀方程拟合（引自蔡正银[29]）

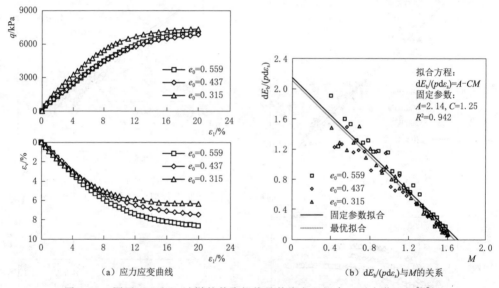

（a）应力应变曲线　　　　　　（b）dE_b/(pdε_s)与M的关系

图 4.19　围压 2000kPa 试样的剪胀规律及剪胀方程拟合（引自蔡正银[29]）

4.2.3.2　参数 A 和 C 与 e_0 的关系验证

为了进一步探讨参数 A 和 C 与 D_r 的关系，此处引用方智荣的一组堆石料 CD 试验数据，其试验干密度为 2.17g/cm³、2.22g/cm³、2.26g/cm³、2.30g/cm³ 和 2.40g/cm³，对应的初始孔隙比 e_0 为 0.290、0.261、0.239、0.217 和 0.167，试验围压为 200kPa、500kPa、800kPa 和 1200kPa，共 20 个试样。

现将 20 个试样分为 5 组，见表 4.2。第一组 e_0＝0.239、围压不同，用来确定该土料的参数 M_c、β、A 和 C；剩下四组 e_0 不同、围压相同，围压分别为 200kPa、500kPa、800kPa 和 1200kPa，用来检验参数 M_c、β、A 和 C 是否与 e_0 无关。

表 4.2   粗粒土三轴 CD 试验方案（引自方智荣[30]）

初始孔隙比 e_0	围压/kPa	作 用	最优参数
0.239	200、500、800 和 1200	确定固定参数	$A=1.75$，$C=1.09$（固定参数）
0.290、0.261、0.217、0.167	200	验证固定参数对不同密度试样的 $\mathrm{d}E_b/(p\mathrm{d}\varepsilon_s)-M$ 试验值的拟合效果	$A=1.62$，$C=0.96$
0.290、0.261、0.217、0.167	500		$A=1.75$，$C=1.11$
0.290、0.261、0.217、0.167	800		$A=1.79$，$C=1.12$
0.290、0.261、0.217、0.167	1200		$A=1.81$，$C=1.14$

　　首先，以第一组 $e_0=0.239$、围压不同的试验为例，其应力应变曲线如图 4.20（a）所示，确定该土料的临界状态应力比 $M_c=1.72$，选择 $\beta=20$，则代入式（4.22）计算得到颗粒破碎耗能 E_b 如图 4.20（b）所示。利用式（4.23）对 4 个围压下的 $\mathrm{d}E_b/(p\mathrm{d}\varepsilon_s)-M$ 关系进行拟合，得到参数 $A=1.76$、$C=1.09$，拟合相关系数 $R^2=0.976$，如图 4.20（c）所示。进一步地，以最高围压 1200kPa 和最低围压 200kPa 的剪胀比-应力比试验值为例，将参数 $M_c=1.72$、$\beta=20$、$A=1.76$ 和 $C=1.09$ 代入剪胀方程式（4.24）进行了预测，并与 Rowe 剪胀方程预测值进行了对比，如图 4.20（d）所示。由图 4.20（d）可见，本书剪胀方程预测效果较好，从侧面说明了所确定的参数是合理的。因此，将参数 $M_c=1.72$、$\beta=20$、$A=1.76$ 和 $C=1.09$ 作为该土料的固定参数。

　　继续以初始孔隙比 e_0 不同、围压相同为 200kPa、500kPa、800kPa 和 1200kPa 的试样为例，其应力应变曲线分别为图 4.21～图 4.24 中的图（a）所示。将参数 $M_c=1.72$ 和 $\beta=20$ 代入式（4.18）得到 $\mathrm{d}E_b/(p\mathrm{d}\varepsilon_s)-M$ 试验值，并将固定参数 $A=1.76$ 和 $C=1.09$ 代入剪胀方程式（4.23）得到 $\mathrm{d}E_b/(p\mathrm{d}\varepsilon_s)-M$ 的固定参数拟合曲线，同时对 $\mathrm{d}E_b/(p\mathrm{d}\varepsilon_s)-M$ 试验值进行最优化拟合，如图 4.21～图 4.24 中的分图（b）所示。其中，围压为 200kPa 时的拟

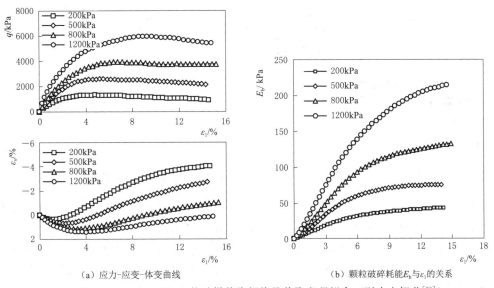

（a）应力-应变-体变曲线　　　　　　　　（b）颗粒破碎耗能 E_b 与 ε_1 的关系

图 4.20（一）　　$e_0=0.239$ 的试样剪胀规律及剪胀方程拟合（引自方智荣[30]）

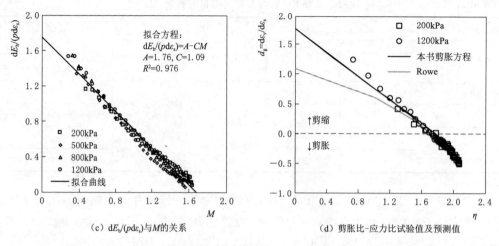

（c）$dE_b/(pd\varepsilon_s)$ 与 M 的关系　　　（d）剪胀比-应力比试验值及预测值

图 4.20（二）　$e_0 = 0.239$ 的试样剪胀规律及剪胀方程拟合（引自方智荣[30]）

合曲线，拟合效果稍差，如图 4.21（b）所示，固定参数拟合曲线与最优化拟合曲线差距较为明显；围压为 500kPa、800kPa 和 1200kPa 时的拟合效果较好，固定参数拟合曲线和最优拟合曲线都基本重合，相关系数 R^2 都大于 0.98。可见，围压相同密度不同的试样 $dE_b/(pd\varepsilon_s)$-M 试验值可以用相同的参数 $A = 1.76$ 和 $C = 1.09$ 来拟合。

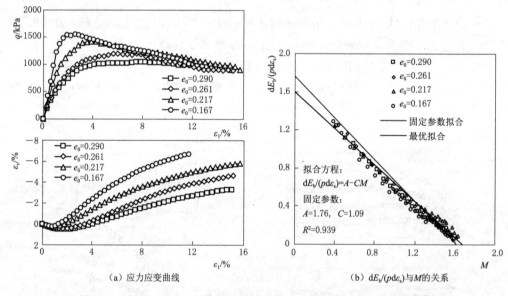

（a）应力应变曲线　　　（b）$dE_b/(pd\varepsilon_s)$ 与 M 的关系

图 4.21　围压 200kPa 时的剪胀规律及剪胀方程拟合（引自方智荣[30]）

为了进一步验证固定参数和最优参数对于剪胀性的预测效果，特别是围压 200kPa 时，固定参数拟合曲线与最优拟合曲线差距较为明显。现以最大初始孔隙比 $e_0 = 0.290$ 和最小初始孔隙比 $e_0 = 0.167$ 时的剪胀比-应力比的试验值为例，分别利用固定参数和最优化参数代入式（4.24）对剪胀性进行预测，如图 4.25 所示。一方面，即便是 200kPa 的试样，固定参数拟合曲线与最优拟合曲线差距最为明显，固定参数拟合的相关系数 R^2 也高

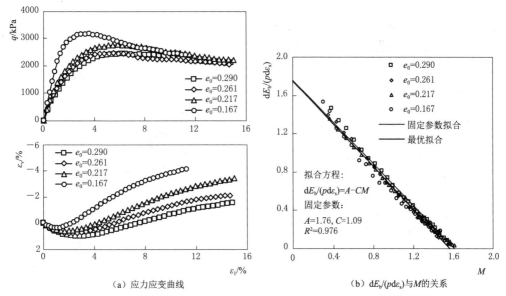

图 4.22　围压 500kPa 时的剪胀规律及剪胀方程拟合（引自方智荣[30]）

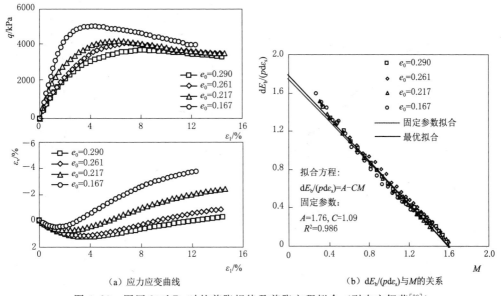

图 4.23　围压 800kPa 时的剪胀规律及剪胀方程拟合（引自方智荣[30]）

达 0.939，说明用固定参数拟合试验值也是比较合理的。另一方面，由图 4.25（a）可见，对于不同初始孔隙比、不同围压的试样，两组参数预测的剪胀曲线都与试验值符合较好，进一步说明了固定参数可以替代最优参数。

进一步地，以围压 500kPa、800kPa 和 1200kPa 时最大初始孔隙比 $e_0 = 0.290$ 和最小初始孔隙比 $e_0 = 0.167$ 试验值和预测值进行对比，由于图 4.25（b）～（d）中的固定参数拟合曲线与最优拟合曲线基本重合，则图 4.25（b）～（d）中两组参数对剪胀比-应力比的预测值基本重合。可见，对于不同初始孔隙比的试样，$dE_b/(pd\varepsilon_s) - M$ 试验值都可以用相同的参数 A 和 C 来拟合。换言之，参数 A 和 C 可以认为是与初始孔隙比无关的。

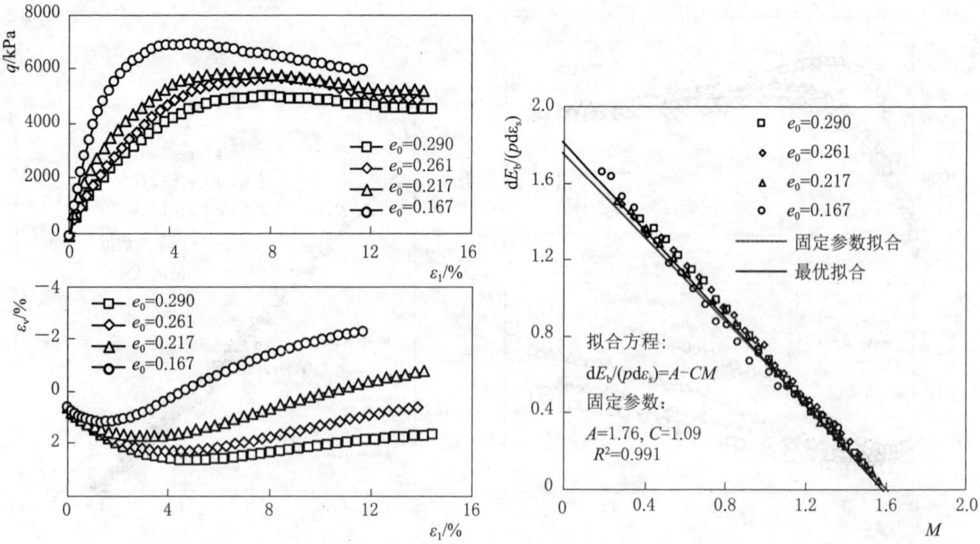

（a）应力应变曲线　　　　（b）dE_b/(pdε_s)与M的关系

图 4.24　围压 1200kPa 时的剪胀规律及剪胀方程拟合（引自方智荣[30]）

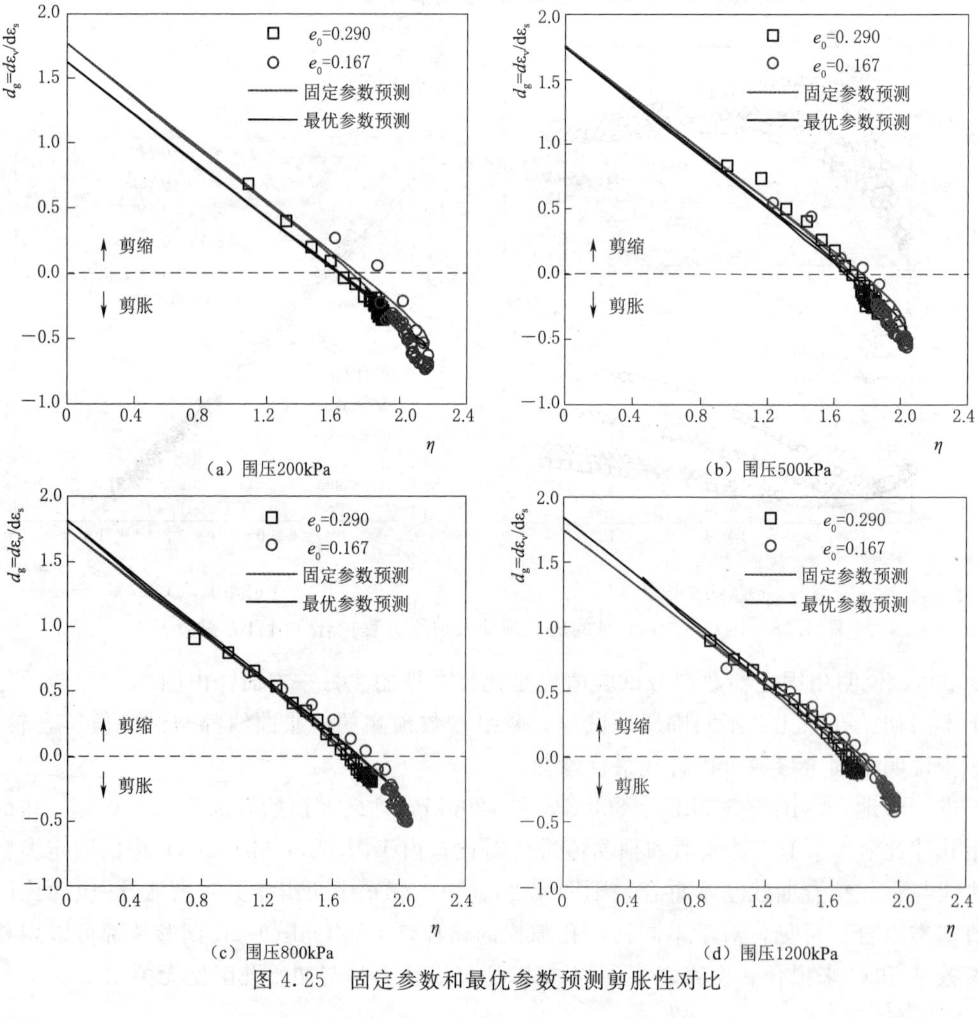

（a）围压200kPa　　　　（b）围压500kPa

（c）围压800kPa　　　　（d）围压1200kPa

图 4.25　固定参数和最优参数预测剪胀性对比

综上所述，本书剪胀方程的参数 M_c、β、A 和 C 是与围压和初始孔隙比无关。对于同一种粗粒土，在不同的初始孔隙比（密度）、不同围压下的剪胀特性都可以用相同的参数来描述，这可以认为是本书剪胀方程的显著优势。

4.3 剪胀方程的三维化

4.3.1 中主应力系数 b 对粗粒土剪胀性的影响

式（4.24）是基于二维应力状态推导的，且通过粗粒土的三轴压缩试验（$\sigma_1 > \sigma_2 = \sigma_3$）进行了验证。但是，作为堆石坝的主要建筑材料，粗粒土受到水压力等因素的诱导，通常处于三维应力状态。平面应变状态是比较常见的一类三维应力状态，以双江口堆石料的平面应变试验为例，围压为 200kPa 时的应力应变曲线如图 4.26（a）所示，其剪胀比-应力比的试验值如图 4.26（b）所示，并与 200kPa 时的常规三轴压缩试验进行了对比。图 4.26 显示，当应力比 η 较小时，两者的剪胀性质基本相同；当应力比 η 较大时，两者的剪胀性呈现显著的不同。若剪胀方程不考虑中主应力系数 b 的影响，则对于三轴压缩试验的描述效果较好而对平面应变试验的效果较差，如图 4.26（b）所示。

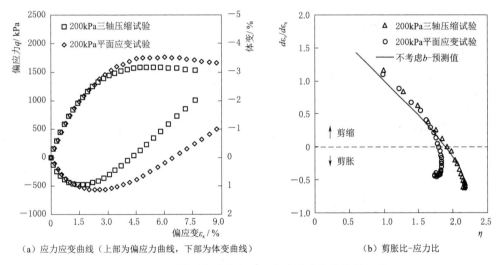

（a）应力应变曲线（上部为偏应力曲线，下部为体变曲线） （b）剪胀比-应力比

图 4.26 三轴压缩试验与平面应变试验的剪胀性对比

笔者分析原因为：三轴压缩试验中，中主应力系数 $b=0$；而在平面应变试验中，b 是变化的，即 $b \neq 0$，因而影响了土体的应力应变性质和剪胀性，如图 4.26 所示。因此，有必要将式（4.24）推广到三维应力状态。

4.3.2 剪胀参数与中主应力系数 b 的关系

为了考虑中主应力系数 b 对于粗粒土剪胀性的影响，此处引用了施维成[31]的一组真三轴试验数据。粒径 $10 \sim 5$mm 的粗颗粒占比为 70%，粒径小于 5mm 的细颗粒占比为 30%。试验尺寸为 120mm×60mm×120mm，干密度为 1.91g/cm³，颗粒重度为 $Gs = 2.55$。

　　试验方案分为两组：一组为等 σ_3 等 b 试验，用来研究和确定材料参数，围压为 150kPa、200kPa、300kPa 和 350kPa，中主应力系数 b 分别为 0、0.25、0.5、0.75 和 1.0。其应力比-剪应变-体变的关系曲线如图 4.27 所示。另外一组为等 σ_3 等 b 试验（围

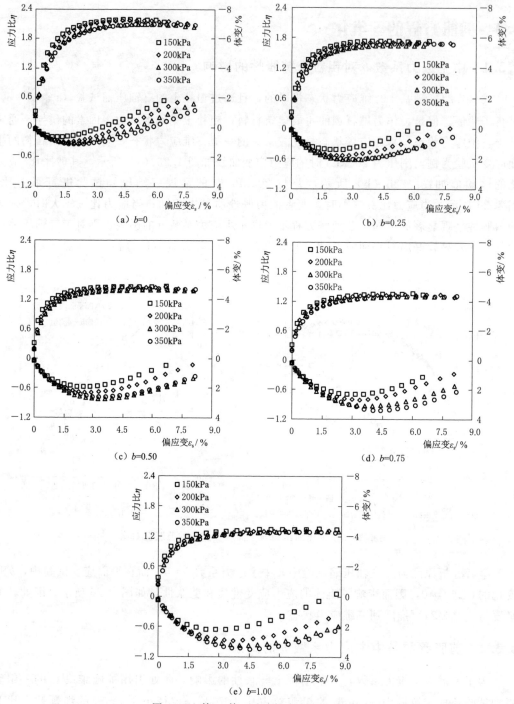

图 4.27　等 σ_3 等 b 试验的应力应变关系

（各分图中，上部为偏应力曲线，下部为体变曲线，引自施维成[31]）

压为 250kPa 和 400kPa）和平面应变试验（围压为 200kPa、300kPa 和 400kPa），用来验证三维化剪胀方程的适用性，将在 4.3.4 节中详细介绍。

图 4.27（a）中的应力比反映了这一规律：虽然体变量在持续变化，即土体尚未达到临界状态，但是根据应力比的变化趋势，随着偏应变的增大，各围压下的应力比逐渐趋向与同一定值。因此，可估算为 $b=0$ 时的临界状态应力比 $M_c=1.85$。当 $b \neq 0$ 时，如图 4.27（b）～（e）所示，也反映出相同的规律，对于相同的 b 值，各围压下的应力比都趋向于同一定值。因此，可以认为：等 σ_3 等 b 试验的临界状态应力比 M_c 只与 b 值有关，而与围压 σ_3 无关。由图 4.27 得到 b 为 0、0.25、0.50、0.75 和 1.00 时，对应的临界状态应力比 M_c 为 1.85、1.62、1.38、1.29 和 1.27。

事实上，为了描述三维应力状态下的土体强度，人们通常在强度准则里引入中主应力系数 b 或者应力罗德角 θ，其中，b 的定义为

$$b = \frac{\sigma_2 - \sigma_3}{\sigma_1 - \sigma_3} \tag{4.25}$$

主应力系数 b 和应力罗德角 θ 之间的相互转换关系为

$$\left. \begin{array}{l} \theta = \arctan \dfrac{\sqrt{3}\,b}{2-b} - \dfrac{\pi}{6} \\[2mm] b = \dfrac{1 + \sqrt{3}\tan\theta}{2} \end{array} \right\} \tag{4.26}$$

本书试验中 b 为 0、0.25、0.50、0.75 和 1.00 时对应的应力罗德角 θ 见表 4.3。

表 4.3   **中主应力系数 b 与应力罗德角 θ 的对应关系**

中主应力系数 b	0	0.25	0.50	0.75	1.00
应力罗德角 θ	$-30°$	$-16.1°$	0	$16.1°$	$30°$

以普通三轴压缩条件下的临界状态应力比 M_c^0 为基础，考虑中主应力系数 b 时的临界状态应力比 M_c^b 可表示为

$$M_c^b = M_c^0 g(\theta) \tag{4.27}$$

式中：M_c^b 为考虑 b 值影响时的临界状态应力比；M_c^0 为三轴压缩试验（$b=0$）时的临界状态应力比；$g(\theta)$ 为应力罗德角 θ 的函数，又称角隅函数。施维成[31]提出的角隅函数为

$$g(\theta) = \frac{k}{1 - (1-k)\left[\sin(\theta - 30°)/\cos\theta\right]^2} \tag{4.28}$$

Gudehus[32]的角隅函数应用最为广泛：

$$g(\theta) = \frac{2k}{(k+1) + (1-k)\sin(3\theta)} \tag{4.29}$$

由于土体的内摩擦角较大（大于 22°）时，式（4.29）的描述效果会变差，郑颖人和孔亮[33]在式（4.29）的基础上进行了改进：

$$g(\theta) = \frac{2k}{(k+1)+(1-k)\sin(3\theta)+\alpha\cos^2(3\theta)} \tag{4.30}$$

此外，Wang 等[5] 所提出的角隅函数也应用较多：

$$g(\theta) = \frac{\sqrt{(1+k^2)^2 + 4k(1-k^2)\sin(3\theta)} - (1+k^2)}{2(1-k)\sin(3\theta)} \tag{4.31}$$

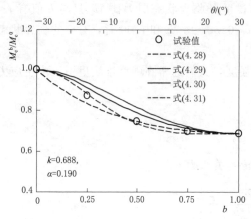

图 4.28 临界状态应力比 M_c 与 b 值的关系

为了选择最合适的角隅函数，现将 M_c 试验值和 $b(\theta)$ 的关系绘制于图 4.28 中，并利用角隅函数式（4.28）～式（4.31）拟合，如图 4.28 所示。

图 4.28 中，式（4.28）～式（4.31）的都包含相同的参数 k，为 0.688，其中式（4.30）还有另外一个参数 α 为 0.190。总体而言，式（4.28）和式（4.30）的拟合效果优于式（4.29）和式（4.31），如图 4.28 所示。

由于试样都尚未达到临界状态，可以将参数 β 在其常用范围 15～30 内取值为 20，并将各 b 值下的 M_c 代入式（4.22）计算得到破碎能 dE_b，进一步地，利用式（4.23）对 $dE_b/(pd\varepsilon_s)$ 与 M 的关系进行拟合，如图 4.29 所示。其中，$b=0$ 时 $dE_b/(pd\varepsilon_s)-M$ 的试验值及拟合值相当于普通三轴试验，如图 4.29（a）所示。同时，为了直观地展现 b 值对参数 A 和 C 的影响，在 $b\neq0$ 的图中都添加了 $b=0$ 时的 $dE_b/(pd\varepsilon_s)-M$ 拟合曲线进行对比，如图 4.29（b）～（d）所示。

4.2.2 节已经证明，对于三轴压缩试验（$b=0$），$dE_b/(pd\varepsilon_s)$ 与 M 的关系与围压无关，表现在各个围压下的 $dE_b/(pd\varepsilon_s)$ 与 M 的关系可以用同一条直线描述，图 4.29 则表明了对于等 σ_3 等 b 试验（$b\neq0$），$dE_b/(pd\varepsilon_s)$ 与 M 的关系也与围压无关。得到的拟合参数 A 和 C，及拟合相关系数 R^2 见表 4.4。由表 4.4 可见，式（4.23）拟合 $dE_b/(pd\varepsilon_s)-M$ 的相关系数 R^2 都在 0.97 以上，说明得到的参数 A 和 C 可靠度较高。

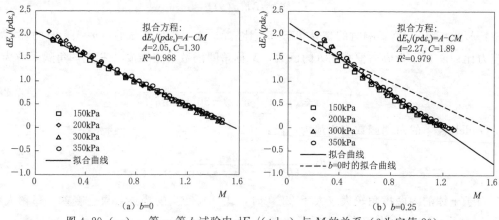

图 4.29（一） 等 σ_3 等 b 试验中 $dE_b/(pd\varepsilon_s)$ 与 M 的关系（β 为定值 20）

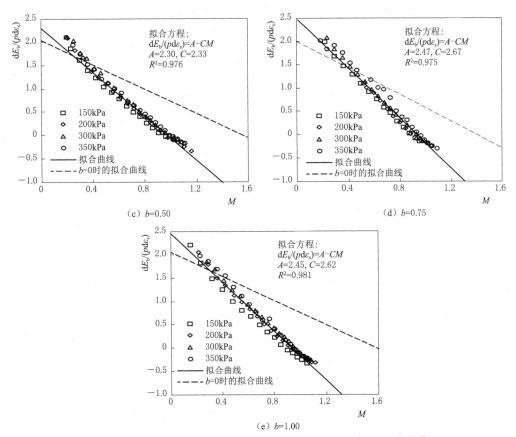

图 4.29（二）　等 σ_3 等 b 试验中 $\mathrm{d}E_b/(p\mathrm{d}\varepsilon_s)$ 与 M 的关系（β 为定值 20）

表 4.4　　　　　　　　等 σ_3 等 b 试验的试验方案及剪胀方程参数

试 验 方 案		材 料 参 数				
b 值	σ_3/kPa	M_c	β	A	C	式（4.23）拟合相关系数 R^2
0	150，200，300，350	1.85	20	2.05	1.30	0.988
0.25	150，200，300，350	1.62	20	2.27	1.89	0.980
0.50	150，200，300，350	1.38	20	2.30	2.34	0.976
0.75	150，200，300，350	1.29	20	2.47	2.68	0.975
1.00	150，200，300，350	1.27	20	2.45	2.62	0.981

　　经研究表 4.4 中的参数 A 和 C 后发现，参数 A 和 C 与 θ 的关系和 M_c 与 θ 的关系类似，可以描述为

$$\left.\begin{array}{l}A^b=A^0/g(\theta)\\ C^b=C^0/g(\theta)\end{array}\right\} \tag{4.32}$$

式中：A^b 和 C^b 为考虑 b 值影响时的参数 A 和 C；A^0 和 C^0 为三轴压缩试验（$b=0$）时的参数 A 和 C。

　　分别将表 4.4 中不同 b 值下的 A 和 C 值利用式（4.28）~式（4.31）进行拟合，得到试验值与拟合曲线如图 4.30 所示，关于参数 A 的拟合参数 $k=0.835$，$\alpha=0.104$；C 的拟合参数为 $k=0.494$，$\alpha=0.517$。总体而言，式（4.28）对于 A 和 C 与 b 的关系描述效果最好，且图 4.30 中式（4.28）的拟合相关系数 R^2 分别为 0.952 和 0.976。

综上所述，式（4.28）对于参数 M_c、A 和 C 与 b（θ）的关系都能较好地描述，因此将式（4.28）应用于本书剪胀方程的三维化。至此，剪胀方程的三个重要参数 M_c、A 和 C 与 b 的关系都已确定，而参数 β 可视为定值，则考虑中主应力系数影响的剪胀方程已经确定。

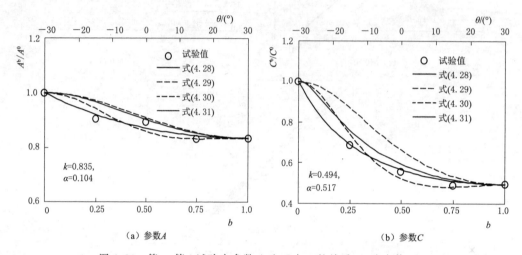

图 4.30 等 σ_3 等 b 试验中参数 A 和 C 与 b 的关系（β 为定值 20）

4.3.3 b 相关参数的确定方法及验证

考虑中主应力系数影响的剪胀方程已经确定包含 4 个原始参数，即 β、M_c、A 和 C，可通过三轴压缩试验确定，而式（4.28）中 M_c、A 和 C 分别对应的与 θ 相关系数 k_1、k_2 和 k_3〔注意：式（4.28）中 M_c、A 和 C 对应的参数 k 不相同，分别用 k_1、k_2 和 k_3 表示〕，可以通过等 σ_3 等 b 试验进行拟合确定，如 4.4.2 节所述。显然，利用等 σ_3 等 b 试验确定参数 k，所需试验量较大，比如 4.4.2 节中介绍了 4 个围压 5 个 b 值的等 b 试验，即共需要 20 个真三轴试样，显然较为烦琐。

实际上，根据参数的性质，k 还有更为简便的确定方法。以 M_c 为例，根据式（4.28），当 $b=0$ 时，$\theta=-30°$，$g(\theta)=1$，有 $M_c^b=M_c^0$；当 $b=1$ 时，$\theta=30°$，$g(\theta)=k$，有 $M_c^b=M_c^1=kM_c^0$，即

$$k_1 = M_c^1/M_c^0 \tag{4.33}$$

式（4.33）说明，参数 k 实际上只需要通过 $b=0$ 和 $b=1$ 这两种状态的试验值即可确定，同理可得，参数 A 和 C 也可通过式（4.30）确定为

$$\left.\begin{array}{l} k_2 = A^0/A^1 \\ k_3 = C^0/C^1 \end{array}\right\} \tag{4.34}$$

式中：参数 M_c^1、A^1 和 C^1 为 $b=1$ 时的参数 M_c、A 和 C。

进一步地，上一节已经证明参数 M_c、A 和 C 都与围压无关而只与 b 值有关，即利用多个围压的试验值得到的参数 M_c、A 和 C 与利用一个围压的试验值确定的参数相差不大。综合可得，M_c、A 和 C 实际上只需要两个试样的试验值即可确定，即一个围压下的 $b=0$ 和一个围压下的 $b=1$ 的试验。$b=0$ 和 $b=1$ 是等 b 试验中的两个特例，既可以通过真三轴试验确定，又可以通过普通三轴试验确定，即三轴压缩试验（$\sigma_1 > \sigma_2 = \sigma_3$，$b=0$）和三轴拉伸试验（$\sigma_1 = \sigma_2 > \sigma_3$，$b=1$）。

为了验证式（4.29）和式（4.30）的合理性，以围压 350kPa 时的普通三轴压缩试验和拉伸试验为例，其应力应变关系如图 4.31 所示。得到的临界状态应力比 M_c 为 1.85 和 1.27，参数 β 固定为 20，则得到的 $dE_b/(p d\varepsilon_s)$ 与 M 的关系及其拟合曲线如图 4.32 所示。拟合得到的参数分别为 $A^0=2.05$，$C^0=1.30$，$A^1=2.45$，$C^1=2.62$，拟合相关系数 R^2 分别为 0.992 和 0.986。对照表 4.4 可以发现，三轴压缩试验和三轴拉伸试验得到的参数 A 和 C 分别与表 4.4 中 $b=0$ 和 $b=1$ 时相等。

进一步地，将 M_c、A 和 C 代入到式（4.34）和式（4.35），得到对应的 b 相关参数为：$k_1=1.27/1.85=0.686$，$k_2=2.05/2.45=0.835$，$k_3=1.30/2.62=0.494$。可见，通过式（4.34）和式（4.35）得到的参数 k_1、k_2 和 k_3 与表 4.4 中等 σ_3 等 b 试验值拟合得到的参数相等。

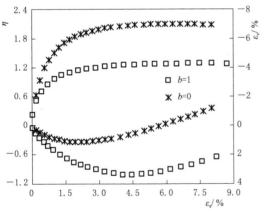

图 4.31　三轴压缩和三轴拉伸试验应力应变关系
（上部为偏应力曲线，下部为体变曲线）

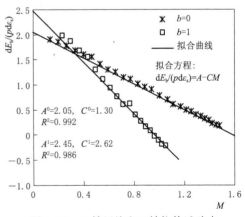

图 4.32　三轴压缩和三轴拉伸试验中
$dE_b/(p d\varepsilon_s)$ 与 M 的关系

综上可得，不考虑中主应力系数影响的剪胀方程包含 4 个参数，即 β、M_c、A 和 C，可通过一个围压的普通三轴压缩试验确定；而考虑中主应力系数影响 M_c、A 和 C 分别对应的与 b 相关系数 k_1、k_2 和 k_3，可以通过增加一个围压的普通三轴拉伸试验确定。

4.3.4　三维化剪胀方程的试验验证

考虑中主应力影响的剪胀方程参数已经确定，为了验证三维化后的剪胀方程的适用性，继续进行了一组等 σ_3 等 b 试验和平面应变试验。试验方案见表 4.5，其中，等 σ_3 等 b 试验的围压为 250kPa 和 400kPa，中主应力系数 b 分别为 0、0.25、0.50、0.75 和 1.00；平面应变试验，初始围压为 200kPa、300kPa 和 400kPa。围压为 250kPa 和 400kPa 得到

的等 b 试验应力应变关系分别为图 4.33（a）和图 4.34（a）所示，剪胀比-应力比的试验值及预测值如图 4.33（b）和图 4.34（b）所示。

表 4.5　　　　　　　　　　　　　剪胀方程验证的试验方案

试验类型	σ_3/kPa	b
等 σ_3 等 b	250	0、0.25、0.50、0.75 和 1.00
等 σ_3 等 b	400	0、0.25、0.50、0.75 和 1.00
平面应变	200	变化
平面应变	300	变化
平面应变	400	变化

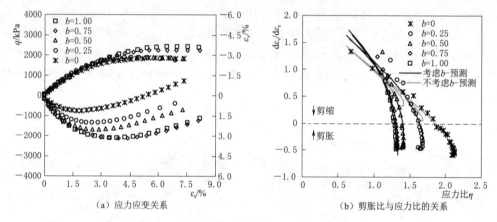

（a）应力应变关系　　　　　　　　　（b）剪胀比与应力比的关系

图 4.33　等 σ_3 等 b 试验验证（σ_3＝250kPa）

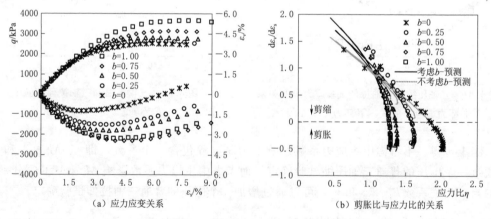

（a）应力应变关系　　　　　　　　　（b）剪胀比与应力比的关系

图 4.34　等 σ_3 等 b 试验验证（σ_3＝400kPa）

由图 4.33（b）和图 4.34（b）可见，中主应力系数 b 对于粗粒土的剪胀性有显著的影响，在相同的围压下，不同的 b 值对应的 $(d\varepsilon_v/d\varepsilon_s)$-$\eta$ 曲线显著不同。当剪胀方程不考虑 b 值的影响时，所预测的 $(d\varepsilon_v/d\varepsilon_s)$-$\eta$ 曲线只有在 b＝0 时与试验值吻合，而 b≠0 时，预测的曲线不仅在数值上与试验值相差较大，且无法正确预测出土体的剪胀性和剪缩性，

b 为 0.25、0.5、0.75 和 1.0 时都存在显著的剪胀性，而不考虑 b 值的预测值则显示为剪缩。相反，当剪胀方程考虑 b 值影响时，预测曲线基本与试验值重合。一方面，说明剪胀方程本身是适用的；另一方面，说明 4.3.3 节中总结的考虑 b 值的参数是合理的。

图 4.35～图 4.37 给出了平面应变试验中围压分别为 200kPa、300kPa 和 400kPa 时的应力应变关系及剪胀比的试验值和预测值。其中，由图 4.35～图 4.37 中的分图（b）可见，在平面应变试验中，b 值在剪切过程中是持续变化的，在剪切的初始阶段，b 值较小，对于剪胀性的影响并不显著，因此剪胀方程不考虑 b 值和考虑 b 值的预测值几乎相同，且都与试验值吻合较好；而当 b 值持续增加时，考虑 b 值的预测值与试验值依然吻合较好，而不考虑 b 值的预测值则逐渐偏离试验值，显著低估了土体的剪胀性。

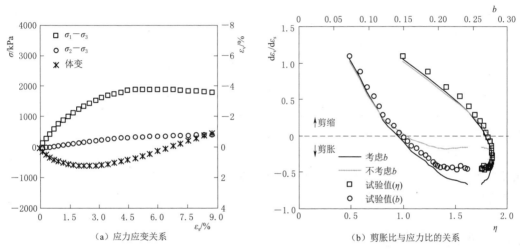

图 4.35 平面应变试验验证（$\sigma_3 = 200\text{kPa}$）

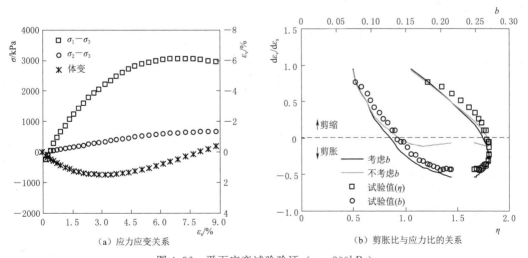

图 4.36 平面应变试验验证（$\sigma_3 = 300\text{kPa}$）

理论上讲，对于平面应变试验剪胀性的预测难度比等 b 试验更大，其原因在于对于同一个等 b 试验而言参数 M_c、A 和 C 是固定的，而平面应变试验在加载剪切过程中的 b 值

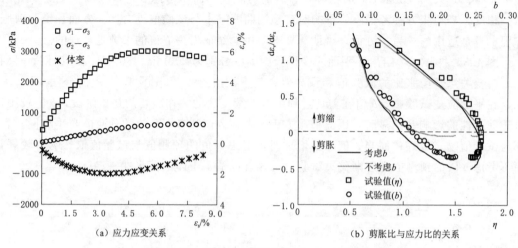

（a）应力应变关系　　　　　　　　（b）剪胀比与应力比的关系

图 4.37　平面应变试验验证（$\sigma_3 = 400\text{kPa}$）

是持续变化的，则根据式（4.26）~式（4.28）得到的三个参数 M_c、A 和 C 也是持续变化的。因此，随着平面应变荷载的持续增加，b 值也逐渐增大，考虑 b 值影响的剪胀方程的预测效果明显优于不考虑 b 值。

综上所述，考虑中主应力系数影响时，参数 β 不变，M_c、A 和 C 分别增加一个与 b 相关参数 k_1、k_2 和 k_3，得到的三维化的剪胀方程，能够较好地预测等 b 试验、平面应变试验等三维应力状态下的剪胀特性。

4.4　参数 β 的讨论

4.4.1　三轴压缩试验中的参数 β

本章对于式（4.20）中参数 β 的取值是根据经验估算的，一般在 15~30 内取值，估算的原则是保证 $\mathrm{d}E_b$ 不会出现减小的情况，即满足破碎耗能不可逆定律。事实上，剪胀方程中的式（4.20）与颗粒破碎演化规律里的式（4.19），其参数 β 的物理意义是一致的；虽然在第 3 章中建议了 β 可以根据 $\beta\varepsilon_s = 4.6/\varepsilon_{sc}$ 来估算，但是该方法并不实用。从数学的角度来看，M/M_c 只能无限趋近于 1 而不可能严格等于 1，因此，笔者假设当 $M/M_c > 0.99$ 时在数值上可以认为 $M = M_c$，此时需满足 $\beta\varepsilon_s > 4.6$。一般而言，粗粒土达到临界状态时的广义剪应变 ε_s 为 15%~30%[34]。如图 4.38 所示，若 $M/M_c > 0.99$，$\varepsilon_s = 15\%$ 时对应的 β 约为 30，$\varepsilon_s = 30\%$ 时对应的 β 约为 15。因此，β 的一般取值范围可定为 15~30。

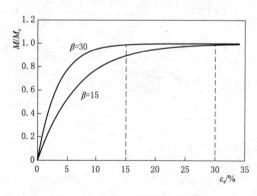

图 4.38　参数 β 的常见取值范围

根据式（4.20），参数 β 的取值影响的是摩擦系数 M，进而影响破碎耗能增量 $\mathrm{d}E_b$ 和

总破碎能 E_b 的大小。

一方面，β 的常用取值范围为 $15\sim30$，对于一般的土体，在该范围内选择参数 β 即可满足 $\mathrm{d}E_b>0$。以马吉堆石料为例，当 β 为 15 和 30 时，得到的破碎耗能 E_b 分别如图 4.39 所示：β 越大，说明摩擦系数 M 越小，则摩擦耗能越小，计算得到的破碎耗能 E_b 越大，但是 β 为 15 和 30 都能够满足 $\mathrm{d}E_b>0$。

另一方面，破碎耗能 E_b 只是研究粗粒土剪胀方程的载体，其数值上的大小并不是研究的重点，重点是要在式（4.21）的基础上寻找 $\mathrm{d}E_b/(p\mathrm{d}\varepsilon_s)$ 与其他已知量的关系，从而确定剪胀方程的表达式。β 的取值对于 $\mathrm{d}E_b/(p\mathrm{d}\varepsilon_s)$-$M$ 试验值的拟合效果影响不大，如图 4.40 所示，当 β 为 15 和 30 时，得到关于马吉堆石料 $\mathrm{d}E_b/(p\mathrm{d}\varepsilon_s)$-$M$ 的拟合相关系数 R^2 分别 0.990 和 0.989，说明拟合效果都很好。换言之，β 在 $15\sim30$ 的范围内取值，得到的式（4.23）对于 $\mathrm{d}E_b/(p\mathrm{d}\varepsilon_s)$-$M$ 的拟合效果都较好，不同之处是得到的拟合参数 A 和 C 会有微小的变化。当 $\beta=15$ 时，拟合得到的参数 $A=1.98$、$C=1.23$；当 $\beta=30$ 时，拟合得到的参数 $A=2.03$、$C=1.24$。

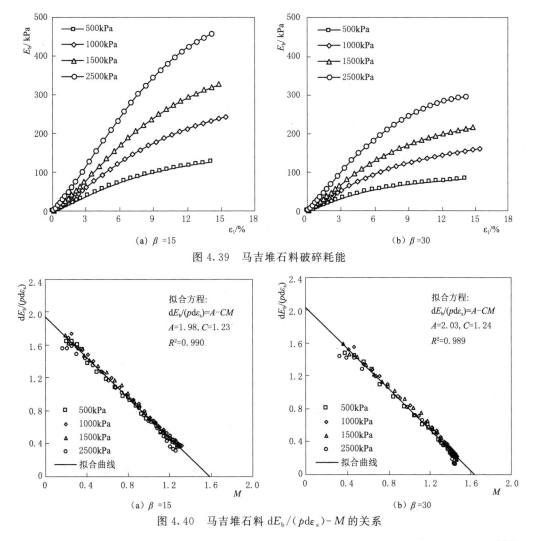

图 4.39　马吉堆石料破碎耗能

图 4.40　马吉堆石料 $\mathrm{d}E_b/(p\mathrm{d}\varepsilon_s)$-$M$ 的关系

进一步地，对比研究 β 为 15 和 30 时，剪胀方程对于马吉堆石料剪胀性的预测效果，如图 4.41 所示，可见，β 为 15 和 30 时的预测值基本相等，且都与试验值吻合较好。说明 β 在 15～30 的范围内取值，对于剪胀方程的预测效果影响不大。

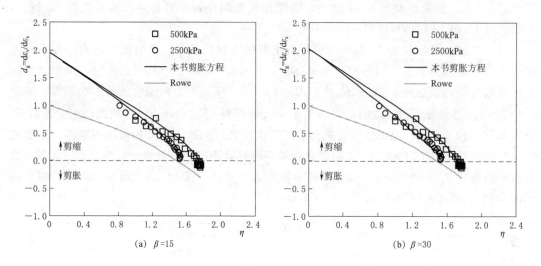

图 4.41 马吉堆石料剪胀性预测

综上可得，对于剪胀方程式（4.24）的参数 β，当土体在试验结束时尚未达到临界状态，则可以利用更为实用的估算方法确定，一般而言可以在其常用范围 15～30 取值，既能够保证计算得到的破碎耗能 E_b 满足破碎能不可逆定律，且对于 $dE_b/(pd\varepsilon_s)-M$ 的拟合效果影响并不大，进而对剪胀方程的预测效果影响不大。所以，本书所用到的土料基本都将 β 定为 20。

4.4.2　真三轴试验中的参数 β

在 4.3.2 节的真三轴试验中，当 $b=0$ 时，参数 $\beta=20$，根据式（4.22）计算得到的破碎耗能 dE_b 是大于 0 的，如图 4.29（a）所示；而当 $b\neq0$ 时，将参数 β 保持为 20，计算得到的 dE_b 实际上是出现了 $dE_b<0$ 的情况，如图 4.29（b）～（e）所示，即破碎耗能开始减小，违反了破碎耗能不可逆定律。这说明 β 实际上是与 b 值相关的，即土体达到临界状态时的剪应变 ε_{sc} 是与 b 值相关的。

事实上，对于不同的等 b 试验取不同的参数 β，实际上是将问题复杂化了。下面在保证 $dE_b>0$ 的情况下，对 β 的取值进行预估，当 b 为 0、0.25、0.50、0.75 和 1.00 时，β 分别为 20、13、10.5、9.5 和 9。其中，得到的 $dE_b/(pd\varepsilon_s)-M$ 的试验值及拟合曲线，$b=0$ 时如图 4.29（a）所示，b 为 0.25、0.50、0.75 和 1.00 时，如图 4.42 所示。首先，得到的 $dE_b/(pd\varepsilon_s)$ 的试验值都大于 0，满足破碎能不可逆定律，说明预估的 β 值是较为合理的；其次，根据 b 值选择不同的 β 值之后，得到的 $dE_b/(pd\varepsilon_s)-M$ 试验值依然能够利用式（4.23）较好地描述，如图 4.42 所示；最后，将式（4.23）拟合 $dE_b/(pd\varepsilon_s)-M$ 得到的参数 A 和 C 以及相关系数 R^2 进行汇总，见表 4.6。

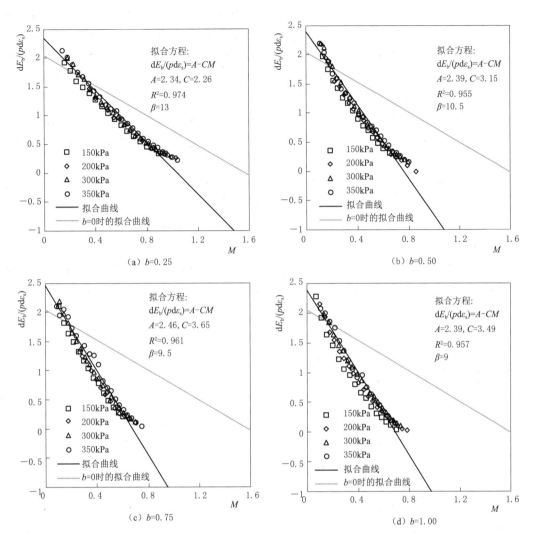

图 4.42 等 σ_3 等 b 试验中 $\mathrm{d}E_\mathrm{b}/(p\mathrm{d}\varepsilon_\mathrm{s})$ 与 M 的关系（β 与 b 相关）

表 4.6　　　等 b 试验中 β 固定和 β 不固定得到的参数 A 和 C 对比

b	β 值固定为 20				β 与 b 值相关			
	β	A	C	式（4.23）拟合 R^2	β	A	C	式（4.23）拟合 R^2
0	20	2.05	1.3	0.988	20	2.05	1.30	0.988
0.25	20	2.27	1.89	0.980	13	2.34	2.27	0.974
0.50	20	2.30	2.34	0.976	10.5	2.36	3.15	0.955
0.75	20	2.47	2.68	0.975	9.5	2.46	3.65	0.961
1.00	20	2.45	2.62	0.981	9	2.39	3.49	0.957

由表 4.6 可以发现，β 根据 b 值折减之后，利用式（4.23）拟合得到的参数 A 和 C 的

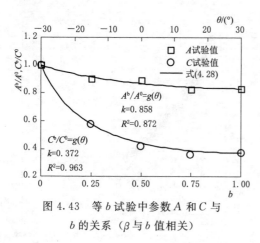

图 4.43　等 b 试验中参数 A 和 C 与
b 的关系（β 与 b 值相关）

拟合相关系数 R^2 比 β 固定为 20 时的 R^2 降低，这是由于 β 减小之后，$\mathrm{d}E_{\mathrm{b}}/(p\mathrm{d}\varepsilon_{\mathrm{s}})-M$ 的试验值的分布更为集中，使得拟合直线更容易出现偏差。进一步地，分别利用式 (4.28) 拟合 A 和 θ 的关系、C 和 θ 的关系，如图 4.43 所示，得到的拟合相关系数分别为 0.872、0.963，小于 β 固定为 20 时的 R^2，分别为 0.952、0.976。

综合可得，在等 b 试验中，将 β 与 b 值相关虽然能够保证 $\mathrm{d}E_{\mathrm{b}}>0$，满足颗粒破碎耗能不可逆定律，在理论上更为合理。但是，在实际应用过程中，还需要总结 β 与 b 值函数关系，至少需要增加一个参数；更重要的是，对于不同的 b 值改变参数 β 之后，进而得到的 $\mathrm{d}E_{\mathrm{b}}/(p\mathrm{d}\varepsilon_{\mathrm{s}})-M$ 的拟合相关系数 R^2 降低，得到的参数 A 和 C 与 b 值的规律性也降低。因此，从实用性的角度考虑，笔者最终确定：在三维应力状态下将参数 β 作为定值，而参数 M_{c}、A 和 C 与 b 相关。

4.5　本章小结

本章在颗粒破碎演化规律的基础上提出了一种颗粒破碎耗能的计算方法，在此基础上推导了一个新的剪胀方程，并将其推广到了三维应力状态，主要结论如下：

（1）试验表明，当应力比较小时，塑性应变增量比 $\mathrm{d}\varepsilon_{\mathrm{v}}^{\mathrm{p}}/\mathrm{d}\varepsilon_{\mathrm{s}}^{\mathrm{p}}$ 略大于总应变增量比 $\mathrm{d}\varepsilon_{\mathrm{v}}/\mathrm{d}\varepsilon_{\mathrm{s}}$；随着应力比的增加，两者基本相等。可见，粗粒土的弹性应变对于土体的剪胀性影响不大。在缺少弹性应变参数的情况下，为简单处理，可以忽略弹性应变的影响，近似将 $\mathrm{d}\varepsilon_{\mathrm{v}}^{\mathrm{p}}/\mathrm{d}\varepsilon_{\mathrm{s}}^{\mathrm{p}}$ 表示为 $\mathrm{d}\varepsilon_{\mathrm{v}}/\mathrm{d}\varepsilon_{\mathrm{s}}$。

（2）利用本书的方法，将剪切过程中的摩擦系数 M 根据剪应变状态进行折减，所计算得到的颗粒破碎耗能的发展规律是随着剪应变持续增大且逐渐趋于稳定，满足颗粒破碎耗能不可逆的规律。

（3）本书总结出的 $\mathrm{d}E_{\mathrm{b}}/(p\mathrm{d}\varepsilon_{\mathrm{s}})$ 与 M 线性关系简单实用且对各种粗粒土都具有广泛的适用性，在此基础上推导的剪胀方程粗粒土的剪胀性描述效果都较好，且剪胀方程的参数 M_{c}、β、A 和 C 是与围压和初始孔隙比无关的，这可视为该剪胀方程的优点之一。

（4）保持参数 β 不变，对 M_{c}、A 和 C 分别增加一个与中主应力系数 b（应力罗德角 θ）相关的参数 k_1、k_2、k_3，得到剪胀方程适用于三维应力状态，且利用等 b 试验和平面应变试验对三维化后的剪胀方程进行了验证。

（5）不考虑 b 值影响时，剪胀方程的参数 M_{c}、β、A 和 C 通过三轴压缩试验确定；考虑 b 值影响时，增加的 b 相关参数 k_1、k_2、k_3 的只需要在三轴压缩试验的基础上增加一组三轴拉伸试验即可确定。

参考文献

［1］ 郭庆国．关于粗粒土抗剪强度特性的试验研究［J］．水利学报，1987（5）：59-65.

［2］ 屈智炯．论粗粒土特性研究的进展［J］．成都科技大学学报，1985（4）：151-156.

［3］ 郭庆国．粗粒土的抗剪强度特性及其参数［J］．陕西水力发电，1990（03）：29-36.

［4］ NAKAI T，MATSUOKA H. A Generalized Elastoplastic Constitutive Model For Clay In Three - Dimensional Stress［J］．Soils and Foundations，1986，26（3）：81-98.

［5］ WANG Z L，DAFALIAS Y F，Shen C K. Bounding surface hypoplasticity model for sand［J］．Journal of Engineering Mechanics，1990，116（5）：983-1001.

［6］ 姚仰平，黄冠．考虑堆石料破碎影响的黏弹塑性本构模型［J］．工业建筑，2010（03）：71-76.

［7］ DRUCKER D C，PRAGER W. Soil mechanics and plastic analysis or limit design［J］．Q. appl. math.，1952，10（2）：157-165.

［8］ HASHIGUCHI K. Subloading surface model in unconventional plasticity［J］．International Journal of Solids & Structures，1989，25（8）：917-945.

［9］ HASHIGUCHI K，CHEN Z P. Elastoplastic constitutive equation of soils with the subloading surface and the rotational hardening［J］．International Journal for Numerical & Analytical Methods in Geomechanics，1998，22（3）：197-227.

［10］ HASHIGUCHI K，OZAKI S，Okayasu T. Unconventional friction theory based on the subloading surface concept［J］．International Journal of Solids & Structures，2005，42（5）：1705-1727.

［11］ ASAOKA A，NAKANO M，NODA T. Soil - Water Coupled Behaviorof Heavily Overconsolidated Clay near/at Critical State.［J］．Soils & Foundations，1997，37（1）：13-28.

［12］ ASAOKA A，NAKANO M，NODA T. Elasto - plastic Behavior of Structured Overconsolidated Soils［J］．Doboku Gakkai Ronbunshuu A，2000（3）：335-342.

［13］ NAKAI T，HINOKIO M. A Simple Elastoplastic Model for Normally and Overconsolidated Soils with Unified Material Parameters［J］．Journal of the Japanese Geotechnical Society Soils & Foundation，2004，44（2）：53-70.

［14］ GUO W L，ZHU J G. Energy consumption of particle breakage and stress dilatancy in drained shear of rockfill materials［J］．Geotechnique Letters，2017，https：//doi. org/10. 1680/jgele. 17. 00099.

［15］ SHI W C，ZHU J G，ZHAO Z H，et al. Strength and deformation behaviour of coarse - grained soil by true triaxial tests［J］．Journal of Central South University of Technology，2010，17（5）：1095-1102.

［16］ 周建方．粗粒土三轴试验及邓肯模型参数研究［D］．南京：河海大学，2008.

［17］ UENG T S，CHEN T J. Energy aspects of particle breakage in drained shear of sands［J］．Géotechnique，2015，50（50）：65-72.

［18］ SALIM W，INDRARATNA B. A new elastoplastic constitutive model for coarse granular aggregates incorporating particle breakage［J］．Canadian Geotechnical Journal，2004，41（4）：657-671.

［19］ 贾宇峰，迟世春，林皋．考虑颗粒破碎的粗粒土剪胀性统一本构模型［J］．岩土力学，2010，31（5）：1381-1388.

［20］ 米占宽，李国英，陈生水．基于破碎能耗的粗颗粒料本构模型［J］．岩土工程学报，2012，34（10）：1801-1811.

［21］ El SOHBY M A. Elastic behavior of sand［J］．The Journal of Soil Mechanics and Foundation Division，American Society of Civil Engineers，1969，95（6）：1393 - 1409.

[22] 朱俊高，王元龙，贾华，等.粗粒土回弹特性试验研究 [J].岩土工程学报，2011，33（6）：950 - 954.

[23] 赵红庆.粗粒料非线性解耦 K - G 模型及在天生桥面板坝有限元分析中的应用 [D].北京：清华大学，1996.

[24] 徐明，宋二祥.粗粒土的一种应变硬化模型 [J].岩土力学，2010，31（9）：2967 - 2972.

[25] 傅华，陈生水，凌华，等.高应力状态下堆石料工程特性试验研究 [J].水利学报，2014（s2）：83 - 89.

[26] VARADARAJAN A，SHARMA K G，ABBAS S M，et al. Constitutive Model for Rockfill Materials and Determination of Material Constants [J]. International Journal of Geomechanics，2006，6（4）：226 - 237.

[27] 王占军，陈生水，傅中志.堆石料的剪胀特性与广义塑性本构模型 [J].岩土力学，2015（7）：1931 - 1938.

[28] 孙海忠，黄茂松.考虑粗粒土应变软化特性和剪胀性的本构模型 [J].同济大学学报（自然科学版），2009（6）：727 - 732.

[29] 蔡正银，丁树云，毕庆涛.堆石料强度和变形特性数值模拟 [J].岩石力学与工程学报.2009，28（7）：1327 - 1334.

[30] 方智荣.粗粒料三轴试验及本构模型参数反演研究 [D].南京：河海大学，2007.

[31] 施维成.粗粒土真三轴试验与本构模型研究 [D].南京：河海大学，2008.

[32] GUDEHUS G. Finite elements in Geomechanics [M]. London - New York：Series in Numerical Methods in Engineering，Wiley，1977.

[33] 郑颖人，孔亮.岩土塑性力学 [M].北京：中国建筑工业出版社，2010.

[34] 丁树云，蔡正银，凌华.堆石料的强度与变形特性及临界状态研究 [J].岩土工程学报，2010，32（2）：248 - 252.

第 5 章

粗粒土广义塑性本构模型

广义塑性模型和经典弹塑性模型[1]具有相同的刚度矩阵表达式，最早是由 Zienk-iewicz[2]和 Pastor[3-4]等在广义塑性理论框架上提出的，并成功运用于砂土的应力应变关系研究。与经典弹塑性模型相比，广义塑性模型直接确定了塑性流动方向、加载方向和塑性模量，不需通过塑性势函数和屈服函数推导，使得建模具有更大的灵活性；另外，此类模型可以考虑材料的剪胀和剪缩特性，且刚度矩阵推导过程简单明确，便于在有限元程序中实现分析计算。因此，近年来不少学者将广义塑性理论引入到粗粒土的本构模型研究之中，并取得了显著的成果[5-7]。

总的来说，剪胀方程对剪胀比-应力比的描述效果在很大程度上决定了本构模型对土体变形的预测效果。第 4 章中已经讨论了目前常见的剪胀方程对粗粒土的适用性，基于此，本章将引入第 4 章中所提出的剪胀方程，结合广义塑性理论，建立一个广义塑性模型；同时推导了一般应力状态下的刚度矩阵；最后，利用堆石料的各种应力路径试验验证模型的适用性。

5.1 广义塑形模型的理论基础

弹塑性模型的应力-应变关系为

$$\{\mathrm{d}\sigma\} = [\boldsymbol{D}^{\mathrm{ep}}]\{\mathrm{d}\varepsilon\} \tag{5.1}$$

$$\{\mathrm{d}\varepsilon\} = [\boldsymbol{C}^{\mathrm{ep}}]\{\mathrm{d}\sigma\} \tag{5.2}$$

式中：$\boldsymbol{D}^{\mathrm{ep}}$ 和 $\boldsymbol{C}^{\mathrm{ep}}$ 分别为弹塑性刚度矩阵和柔度矩阵。

弹塑性理论假定总应变增量 $\mathrm{d}\varepsilon$ 分为弹性应变增量 $\mathrm{d}\varepsilon^{\mathrm{e}}$ 和塑性应变增量 $\mathrm{d}\varepsilon^{\mathrm{p}}$ 之和，即

$$\{\mathrm{d}\varepsilon\} = \{\mathrm{d}\varepsilon^{\mathrm{e}}\} + \{\mathrm{d}\varepsilon^{\mathrm{p}}\} \tag{5.3}$$

其中，弹性应变增量与应力增量的关系由胡克定律确定：

$$\{\mathrm{d}\sigma\} = [\boldsymbol{D}^{\mathrm{e}}]\{\mathrm{d}\varepsilon^{\mathrm{e}}\} \tag{5.4}$$

弹塑性刚度矩阵为

$$[\boldsymbol{D}^{\mathrm{ep}}] = [\boldsymbol{D}^{\mathrm{e}}] - \frac{[\boldsymbol{D}^{\mathrm{e}}]\left\{\dfrac{\partial g}{\partial \sigma}\right\}\left\{\dfrac{\partial f}{\partial \sigma}\right\}^{\mathrm{T}}[\boldsymbol{D}^{\mathrm{e}}]}{\left\{\dfrac{\partial f}{\partial \sigma}\right\}^{\mathrm{T}}[\boldsymbol{D}^{\mathrm{e}}]\left\{\dfrac{\partial g}{\partial \sigma}\right\} - \dfrac{\partial f}{\partial h}\left\{\dfrac{\partial h}{\partial \varepsilon^{\mathrm{p}}}\right\}^{\mathrm{T}}\left\{\dfrac{\partial g}{\partial \sigma}\right\}} \tag{5.5}$$

弹塑性柔度矩阵为

$$[\boldsymbol{C}^{\text{ep}}]=[\boldsymbol{C}^{\text{e}}]+[\boldsymbol{C}^{\text{p}}]=[\boldsymbol{C}^{\text{e}}]+\dfrac{\left\{\dfrac{\partial g}{\partial\sigma}\right\}\left\{\dfrac{\partial f}{\partial\sigma}\right\}^{\text{T}}}{-\dfrac{\partial f}{\partial h}\left\{\dfrac{\partial h}{\partial\varepsilon^{\text{p}}}\right\}^{\text{T}}\left\{\dfrac{\partial g}{\partial\sigma}\right\}} \tag{5.6}$$

令 $H=-\dfrac{\partial f}{\partial h}\left\{\dfrac{\partial h}{\partial\varepsilon^{\text{p}}}\right\}^{\text{T}}\left\{\dfrac{\partial g}{\partial\sigma}\right\}$，则 H 是反映硬化特性的一个变量，与硬化参数 h 的选择有关，一般而言，可以将 H 作为应力的函数。

在广义塑性理论中没有屈服函数 f、塑性势函数 g 以及硬化参数 h 等概念，而是直接定义了流动方向 n_{g}、加载张量 n_{f} 和塑性模量 H。其中，n_{g} 是用来确定塑性流动方向，相当于经典弹塑性理论里的 $\left\{\dfrac{\partial g}{\partial\sigma}\right\}$；$n_{\text{f}}$ 是用来确定加载方向，相当于经典塑性理论里的 $\left\{\dfrac{\partial f}{\partial\sigma}\right\}$；塑性模量 H 是作为应力的函数。

n_{g} 用来确定塑性流动方向，不妨令

$$[\partial g/\partial p\quad \partial g/\partial q]^{\text{T}}=n_{\text{g}}=[n_{\text{gv}}\quad n_{\text{gs}}]^{\text{T}} \tag{5.7}$$

一方面，根据塑性势理论，塑性应变增量与塑性势函数 g 的关系为[8]

$$\begin{aligned}\text{d}\varepsilon_{\text{v}}^{\text{p}}&=\text{d}\lambda\,\dfrac{\partial g}{\partial p}\\\text{d}\varepsilon_{\text{s}}^{\text{p}}&=\text{d}\lambda\,\dfrac{\partial g}{\partial q}\end{aligned}\Bigg\} \tag{5.8}$$

式中：$\text{d}\lambda$ 为比例常数。

剪胀比 d_{g} 的定义为 $d_{\text{g}}=\text{d}\varepsilon_{\text{v}}^{\text{p}}/\text{d}\varepsilon_{\text{s}}^{\text{p}}$，进一步根据式（5.8）可得

$$d_{\text{g}}=\dfrac{\text{d}\varepsilon_{\text{v}}^{\text{p}}}{\text{d}\varepsilon_{\text{s}}^{\text{p}}}=\dfrac{\partial g}{\partial p}\Big/\dfrac{\partial g}{\partial q}=\dfrac{n_{\text{gv}}}{n_{\text{gs}}} \tag{5.9}$$

另一方面，由于 n_{gv} 和 n_{gs} 构成方向向量 $\boldsymbol{n}_{\text{g}}$，即 $\boldsymbol{n}_{\text{g}}$ 的模为 1，则 n_{gv} 和 n_{gs} 还存在如下关系：

$$n_{\text{gv}}^{2}+n_{\text{gs}}^{2}=1 \tag{5.10}$$

联立式（5.9）和式（5.10）可得

$$n_{\text{gv}}=d_{\text{g}}/\sqrt{1+d_{\text{g}}^{2}},\ n_{\text{gs}}=1/\sqrt{1+d_{\text{g}}^{2}} \tag{5.11}$$

将式（5.11）代入式（5.7）可得，流动方向 $\boldsymbol{n}_{\text{g}}$ 为

$$\boldsymbol{n}_{\text{g}}=\left[\dfrac{d_{\text{g}}}{\sqrt{1+d_{\text{g}}^{2}}}\quad \dfrac{1}{\sqrt{1+d_{\text{g}}^{2}}}\right]^{\text{T}} \tag{5.12}$$

本书选择的加载张量 $\boldsymbol{n}_{\text{f}}$ 与塑性流动方向 $\boldsymbol{n}_{\text{g}}$ 不相等，但在数学形式上 $\boldsymbol{n}_{\text{f}}$ 与 $\boldsymbol{n}_{\text{g}}$ 相似，可表示为

$$\boldsymbol{n}_{\text{f}}=\left[\dfrac{d_{\text{f}}}{\sqrt{1+d_{\text{f}}^{2}}}\quad \dfrac{1}{\sqrt{1+d_{\text{f}}^{2}}}\right]^{\text{T}} \tag{5.13}$$

式中：d_{f} 通常为峰值应力比 M_{f} 的函数，将在下一节中详细讨论。

因此，广义塑性刚度矩阵和柔度矩阵分别为

$$[\boldsymbol{D}^{\text{ep}}] = [\boldsymbol{D}^{\text{e}}] - \frac{[\boldsymbol{D}^{\text{e}}]\{\boldsymbol{n}_{\text{g}}\}\{\boldsymbol{n}_{\text{f}}\}^{\text{T}}[\boldsymbol{D}^{\text{e}}]}{\{\boldsymbol{n}_{\text{f}}\}^{\text{T}}[\boldsymbol{D}^{\text{e}}]\{\boldsymbol{n}_{\text{g}}\} + H} \tag{5.14}$$

$$[\boldsymbol{C}^{\text{ep}}] = [\boldsymbol{C}^{\text{e}}] + [\boldsymbol{C}^{\text{p}}] = [\boldsymbol{C}^{\text{e}}] + \frac{\{\boldsymbol{n}_{\text{g}}\}\{\boldsymbol{n}_{\text{f}}\}^{\text{T}}}{H} \tag{5.15}$$

综上所述，广义塑性模型的三要素包括流动方向 $\boldsymbol{n}_{\text{g}}$、加载张量 $\boldsymbol{n}_{\text{f}}$ 和塑性模量 H，确定了三要素即确定了弹塑性刚度矩阵和柔度矩阵。

一般应力状态下，应力用 6 个一般应力分量 σ_x、σ_y、σ_z、τ_{yz}、τ_{zx} 和 τ_{xy} 表示，此处统一表示为 σ_{ij}，则塑性势函数 g 和屈服函数 f 与 6 个应力分量 σ_{ij} 的关系可表示为

$$\left.\begin{array}{l} \dfrac{\partial g}{\partial \sigma_{ij}} = \dfrac{\partial g}{\partial p}\dfrac{\partial p}{\partial \sigma_{ij}} + \dfrac{\partial g}{\partial q}\dfrac{\partial q}{\partial \sigma_{ij}} \\[3mm] \dfrac{\partial f}{\partial \sigma_{ij}} = \dfrac{\partial f}{\partial p}\dfrac{\partial p}{\partial \sigma_{ij}} + \dfrac{\partial f}{\partial q}\dfrac{\partial q}{\partial \sigma_{ij}} \end{array}\right\} \tag{5.16}$$

其中，g 和 f 对于 p 和 q 的偏导数为

$$\left.\begin{array}{l} \dfrac{\partial g}{\partial p} = \dfrac{d_{\text{g}}}{\sqrt{1+d_{\text{g}}^2}}, \quad \dfrac{\partial g}{\partial q} = \dfrac{1}{\sqrt{1+d_{\text{g}}^2}} \\[3mm] \dfrac{\partial f}{\partial q} = \dfrac{d_{\text{f}}}{\sqrt{1+d_{\text{f}}^2}}, \quad \dfrac{\partial f}{\partial q} = \dfrac{1}{\sqrt{1+d_{\text{f}}^2}} \end{array}\right\} \tag{5.17}$$

p 和 q 对应力分量的偏导数为

$$\left.\begin{array}{l} \dfrac{\partial p}{\partial \sigma_{ij}} = \dfrac{1}{3}\delta_{ij} \\[3mm] \dfrac{\partial q}{\partial \sigma_{ij}} = \dfrac{3}{2q}(\sigma_{ij} - p\delta_{ij}) \end{array}\right\} \tag{5.18}$$

式中，δ_{ij} 为 Kronecker 符号，当 $i=j$ 时，$\delta_{ij}=1$，否则 $\delta_{ij}=0$。

对于弹性部分的弹性刚度矩阵 $\boldsymbol{D}^{\text{e}}$ 为

$$\boldsymbol{D}^e = \frac{E}{(1+\nu)(1-2\nu)}\begin{bmatrix} 1-\nu & \nu & \nu & 0 & 0 & 0 \\ \nu & 1-\nu & \nu & 0 & 0 & 0 \\ \nu & \nu & 1-\nu & 0 & 0 & 0 \\ 0 & 0 & 0 & \dfrac{1-2\nu}{2} & 0 & 0 \\ 0 & 0 & 0 & 0 & \dfrac{1-2\nu}{2} & 0 \\ 0 & 0 & 0 & 0 & 0 & \dfrac{1-2\nu}{2} \end{bmatrix} \tag{5.19}$$

将式（5.17）和式（5.18）代入式（5.16）即可得到一般应力状态下的 $\partial g/\partial \sigma$ 和 $\partial f/\partial \sigma$，然后再连同式（5.19）代入式（5.5）即可求得一般应力状态下的弹塑性刚度矩阵 $\boldsymbol{D}^{\text{ep}}$。

同理，对于弹性部分的弹性柔度矩阵为

$$C^e = \frac{1}{E} \begin{bmatrix} 1 & -\nu & -\nu & 0 & 0 & 0 \\ -\nu & 1 & -\nu & 0 & 0 & 0 \\ -\nu & -\nu & 1 & 0 & 0 & 0 \\ 0 & 0 & 0 & 2(1+\nu) & 0 & 0 \\ 0 & 0 & 0 & 0 & 2(1+\nu) & 0 \\ 0 & 0 & 0 & 0 & 0 & 2(1+\nu) \end{bmatrix} \tag{5.20}$$

将式（5.16）和式（5.20）代入式（5.6）可得一般应力状态下的弹塑性刚度矩阵 C^{ep}。

5.2　粗粒土的峰值强度

5.2.1　围压的影响

粗粒土的峰值强度受应力状态的影响较为显著，以三轴 CD 试验为例，不同围压下得到的峰值应力比 M_f 和峰值内摩擦角 φ 差异较大。因此，对于 φ 与围压 σ_3 的关系，参考邓肯-张模型，按照式（5.21）进行描述：

$$\varphi = \varphi_0 - \Delta\varphi \lg\left(\frac{\sigma_3}{p_a}\right) \tag{5.21}$$

式中：φ_0 和 $\Delta\varphi$ 为材料参数。峰值应力比 M_f 和峰值内摩擦角 φ 之间的转化关系为

$$\left.\begin{array}{l} M_f = \dfrac{6\sin\varphi}{3-\sin\varphi} \\[3mm] \varphi = \arcsin\dfrac{3M_f}{6+M_f} \end{array}\right\} \tag{5.22}$$

式（5.21）是较为常见的描述粗粒土强度非线性的公式，且已被较多的试验数据证明了其合理性，比如，著名的邓肯-张模型[9]。此处为了进一步证明式（5.21）对于粗粒土峰值内摩擦角 φ 与围压 σ_3 之间关系的适用性，同时也为了求取各土料的本构模型参数，以第 4 章中应用到的 6 种粗粒土的三轴 CD 试验为例，利用式（5.21）拟合 φ 与 σ_3 之间的关系，如图 5.1 所示。

式（5.21）拟合得到的各土料的参数 φ_0 和 $\Delta\varphi$ 以及对应的拟合相关系数 R^2 见表 5.1。由图 5.1 可以直观地看出拟合曲线对于试验值的描述效果较好，且表 5.1 中的拟合相关系数都在 0.98 以上，因此，可以认为利用式（5.21）描述 φ 与 σ_3 之间的关系。

表 5.1　　　　　　　　　　　　　各土料的峰值强度参数

土料及其编号	$\varphi_0/(°)$	$\Delta\varphi/(°)$	R^2
马吉堆石料	48.7	8.0	0.999
双江口堆石料	52.8	12.3	0.986
05	54.6	9.3	0.999
14	47.5	11.6	0.984
07-2	51.5	8.0	0.997
13-2	51.8	8.8	0.948

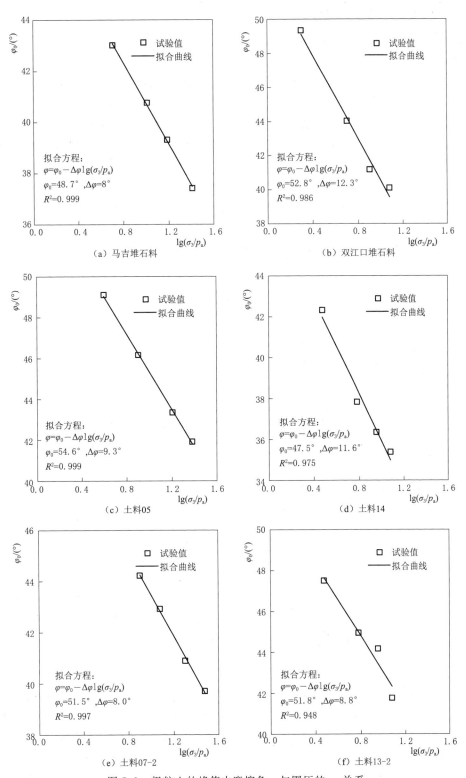

图 5.1 粗粒土的峰值内摩擦角 φ 与围压的 σ_3 关系

5.2.2　初始孔隙比的影响

笔者此前进行了一组砾石料的三轴排水试验，试样初始孔隙比 e_0 为 0.352、0.320、0.301 和 0.272，试验围压 σ_3 为 300kPa、600kPa、900kPa 和 1200kPa，共 16 个试样。将 16 个不同初始孔隙比、不同围压的试样峰值内摩擦角 φ 绘制在 $\varphi - \lg(\sigma_3/p_a)$ 平面内，如图 5.2（a）所示。可见，对于孔隙比 e_0 相同、围压 σ_3 不同的试样，式（5.21）对于 φ 与 $\lg(\sigma_3/p_a)$ 之间的关系描述效果较好。进一步地，不同初始孔隙比的试样所对应的拟合曲线之间基本平行，因此可以认为式（5.21）的斜率 $\Delta\varphi$ 相等，$\Delta\varphi$ 的平均值为 8.7°。各拟合曲线的截距 φ_0 则不相等，孔隙比 e_0 为 0.352、0.320、0.301、0.272 时，对应的 φ_0 为 51.4°、52.4°、52.9°和 53.7°。将截距 φ_0 与孔隙比 e_0 绘制于 $\varphi_0 - e_0$ 平面，如图 5.2（b）所示，可以发现 φ_0 与 e_0 之间存在显著的线性关系，可表述为

$$\varphi_0 = \varphi_{0e} - k_\varphi e_0 \tag{5.23}$$

式中：k_φ 和 φ_{0e} 为材料参数。对该土料而言，$k_\varphi = 28.8°$ 和 $\varphi_{0e} = 61.5°$。

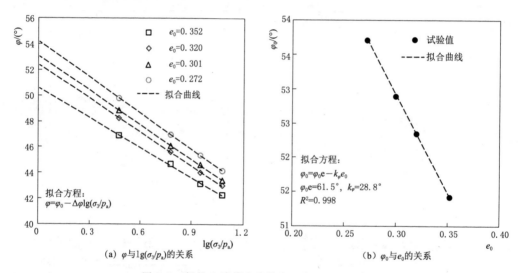

（a）φ 与 $\lg(\sigma_3/p_a)$ 的关系　　　　（b）φ_0 与 e_0 的关系

图 5.2　粗粒土峰值内摩擦角 φ 与 σ_3 和 e_0 关系

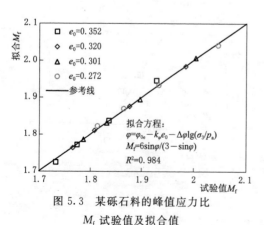

图 5.3　某砾石料的峰值应力比 M_f 试验值及拟合值

将式（5.23）代入式（5.21），得到的表达式即为式（5.21）的扩展式，可同时反映初始孔隙比、围压对峰值内摩擦角 φ 的影响：

$$\varphi = \varphi_{0e} - k_\varphi e_0 - \Delta\varphi \lg \frac{\sigma_3}{p_a} \tag{5.24}$$

利用式（5.24）对 16 个试样的峰值内摩擦角进行预测，并换算为峰值应力比 M_f，如图 5.3 所示，相关系数为 0.984，可见式（5.24）的描述效果较好。

同时，引用了蔡正银（土料 08）和方

智荣（土料 25）的三轴试样数据，各个试样的应力应变曲线详见第 4 章。其中，土料 08 的试验方案为：初始孔隙比 e_0 为 0.559、0.437 和 0.315，试验围压 σ_3 为 500kPa、1000kPa 和 2000kPa，共 9 个试样；土料 25 的试验方案为：初始孔隙比 e_0 为 0.290、0.261、0.239、0.217 和 0.167，试验围压 σ_3 为 200kPa、500kPa、800kPa 和 1200kPa，共 20 个试样。将这两种土料各个试样的峰值内摩擦角 φ 绘制于 $\varphi - \lg(\sigma_3/p_a)$ 平面内，分别如图 5.4（a）和图 5.5（a）所示，可见，初始孔隙比 e_0 相同的试验，对应的 $\varphi - \lg(\sigma_3/p_a)$ 曲线基本平行，再一次证明了式（5.22）中的材料参数 $\Delta\varphi$ 可视为定值。对于土料 08 和土料 25，参数 $\Delta\varphi$ 分别为 9.5°、6.3°。

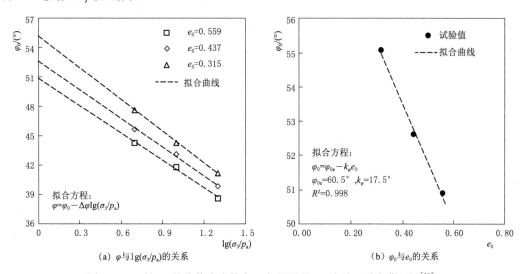

图 5.4　土料 08 的峰值内摩擦角 φ 与围压的 σ_3 关系（引自蔡正银[10]）

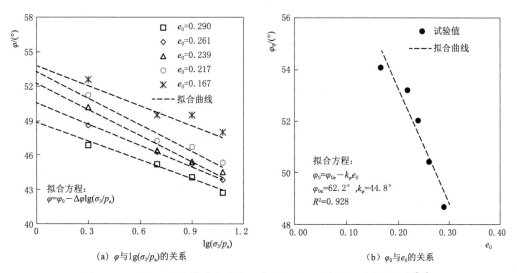

图 5.5　土料 25 的峰值内摩擦角 φ 与围压的 σ_3 关系（引自方智荣[11]）

将土料 08 和土料 25 的截距 φ_0 与孔隙比 e_0 绘制于 $\varphi_0 - e_0$ 平面，分别如图 5.4（b）和 5.5（b）所示，可见，式（5.23）对于 $\varphi_0 - e_0$ 的关系描述效果较好。进一步地，式（5.24）对

土料 08 和土料 25 的峰值应力比 M_f 的预测如图 5.6 所示。至此，式（5.21）和式（5.23）的适用性都已得到了充分的验证。换言之，采用式（5.21）和式（5.23）组合得到的式（5.24）能够较好地描述同一种土料峰值强度与初始孔隙比和围压的关系（表 5.2）。

表 5.2　　　　　　　　各土料的峰值强度参数（考虑孔隙比 e_0）

土料及其编号	$\varphi_0/(°)$	$\Delta\varphi/(°)$	k_φ	R^2
砾石料	61.5	8.7	28.7	0.999
08	60.5	9.5	17.4	0.986
25	62.2	6.3	44.8	0.999

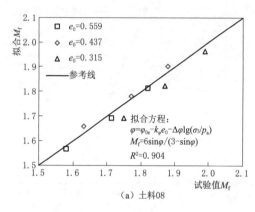

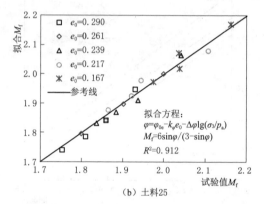

（a）土料08　　　　　　　　　　　（b）土料25

图 5.6　式（5.24）对粗粒土峰值应力比 M_f 的预测

5.3　模型的提出

5.3.1　广义塑性模型三要素的确定

如 5.2 节中所总结的广义塑性模型的三要素包括：流动方向 $\boldsymbol{n}_g$、加载张量 $\boldsymbol{n}_f$ 和塑性模量 H。由式（5.12）和式（5.13）可得，确定塑性流动方向 $\boldsymbol{n}_g$ 和加载方向 $\boldsymbol{n}_f$，实际上就是确定 d_g 和 d_f。其中，d_g 的表达式即为第 4 章中确定的剪胀方程，即

$$\left.\begin{aligned} d_g &= \frac{9(M-\eta)+9(A-CM)}{9+3M-2\eta M} \\ M &= M_c[1-\exp(-\beta\varepsilon_s)] \end{aligned}\right\} \tag{5.25}$$

d_f 通常为 M_f 的函数，采用不相关联流动法则，将 d_f 的表达式简单确定为

$$d_f = M_f - \eta \tag{5.26}$$

式中：M_f 为峰值应力比。

由于 d_f 与 d_g 不相等，则加载张量 $\boldsymbol{n}_f$ 与塑性流动方向 $\boldsymbol{n}_g$ 不相等，因此，该模型采用的是不相关联流动法，更符合岩土材料的变形性质[8]。

塑性模量 H 的确定则可以参考剑桥模型。等向压缩条件选塑性模量 H 可为

$$H = \frac{1+e_0}{\lambda - \kappa} p \tag{5.27}$$

式中：e_0 为初始孔隙比；λ、κ 分别为等向压缩和卸载时 $e - \ln p$ 曲线的斜率，如图 5.7 所示。

卸载时 κ 可视为定值，而加载压缩时，由于粗粒土颗粒破碎效应明显，压缩曲线会显著下弯，如图 5.7 所示。因此对于 e 和 p 的关系，本书采用如下指数函数来描述[12-13]：

$$e = e_0 \exp[-(p/h_s)^n] \tag{5.28}$$

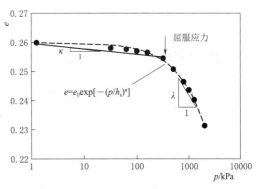

图 5.7 粗粒土的压缩特性

由于 λ 为等向压缩时 $e - \ln p$ 曲线的斜率，即根据式（5.28）将 e 对 $\ln p$ 求导数即可得到了 λ 与 p 和 e 的关系为

$$\lambda = ne(p/h_s)^n \tag{5.29}$$

式中：h_s 为粗粒土的固相硬度，为应力的量纲；n 为无量纲的材料参数；h_s 和 n 可以通过等向压缩试验结果进行回归分析确定。

实际上，在加载剪切过程中塑性模量 H 是不断减小的，即 H 是随着应力比 η 的增大而减小，当 η 等于峰值应力比 M_f 时，试样破坏，H 为零。基于以上分析，引入 d_f 的构造可满足此条件；同时，引入系数 H_0 来调节 H 的数值。本书最终确定的 H 为

$$H = H_0(M_f - \eta) \exp(\eta/M_f) \frac{1+e_0}{\lambda - \kappa} p \tag{5.30}$$

5.3.2 模型参数及其确定方法

模型假定土体应变由弹性应变和塑性应变两部分组成，其中弹性应变由广义胡克定律确定，需要 2 个参数，即泊松比 ν 和弹性模型 E；塑性部分需要确定的是三要素 d_g、d_f 和塑性模量 H。

其中，对于弹性部分，粗粒土的泊松比 ν 一般取为 0.3 左右的常数，而弹性模量 E 会随着应力状态的变化而变化，本书选择如下公式进行描述[14]：

$$E = \frac{3(1-2\nu)(1+e_0)}{\kappa} p \tag{5.31}$$

式中：e_0 为初始孔隙比；κ 为等向压缩和卸载试验中卸载时 $e - \ln p$ 曲线的斜率。

塑性部分，由式（5.25）可得，d_g 由 M_c、β、A 和 C 确定；由式（5.26）和式（5.24）可得 d_f 由 φ_0、$\Delta\varphi$ 和 k_φ 确定；由式（5.29）和式（5.30）可得，H 由 H_0、h_s、κ、n 确定。

综上所述，为确定弹塑性刚度矩阵 $\boldsymbol{D}_{ep}$，该模型涉及的参数为 12 个，其中初始孔隙比 e_0 可视为已知参数；因此，该模型待定的参数为 11 个，分别如下：

（1）剪胀参数：M_c、β、A 和 C 通过三轴 CD 试验确定，第 4 章中已有详细介绍。

（2）强度参数：φ_0、$\Delta\varphi$ 和 k_φ 由式（5.24）确定。

（3）塑性模量参数：压缩性质相关的参数为 h_s、κ、n，通过等向压缩及卸载试验

确定。

（4）H_0 是模型中唯一一个无法直接通过试验确定的参数，可以利用最优化的方法拟合三轴 CD 试验应力应变曲线确定。

5.4　模型的验证

5.4.1　力路径试验模拟的有限元实现

应力路径试验模拟的是单元体在主应力空间下的应力应变状态，程序是基于应变量增量 $d\varepsilon_1$ 进行编写的，其思路为：给定主应变增量 $d\varepsilon_1$，根据本构模型的刚度矩阵可以计算出 $d\varepsilon_2$、$d\varepsilon_3$、$d\sigma_1$、$d\sigma_2$、$d\sigma_3$，得到的应变增量进行叠加得到土体的总应变 ε_1、ε_2 和 ε_3，应力增量叠加得到当前状态下的应力状态 σ_1、σ_2 和 σ_3，由于有些参数与应力状态相关，比如式（5.26）和式（5.27）分别表示的塑性模型 H 和弹性模型 E，因此需要将当前应力 σ_1、σ_2 和 σ_3 代入到模型参数进行更新得到当前的模型参数；同理，可将模型刚度矩阵更新，以上步骤即完成了一次迭代。然后，再继续赋予一个主应变增量 $d\varepsilon_1$，重复迭代以上步骤，直至应力或应变达到预设的目标值。迭代的示意图如图 5.8 所示。

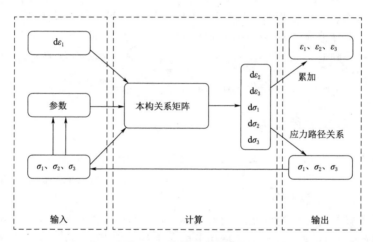

图 5.8　计算程序流程图

三轴应力状态下，主应变增量 $d\varepsilon_1$ 相当于已知量，各主应力增量与主应变增量间的关系为

$$\begin{Bmatrix} d\sigma_1 \\ d\sigma_2 \\ d\sigma_3 \end{Bmatrix} = \begin{bmatrix} D_{11} & D_{12} & D_{13} \\ D_{21} & D_{22} & D_{23} \\ D_{31} & D_{32} & D_{33} \end{bmatrix} \begin{Bmatrix} d\varepsilon_1 \\ d\varepsilon_2 \\ d\varepsilon_3 \end{Bmatrix} \tag{5.32}$$

式中：D_{11}、D_{12}、D_{13}、… 为刚度矩阵的各个因子。

三轴试验的 $d\sigma_3$ 与 $d\sigma_2$ 相等，因此 σ_3 和 σ_2 之间存在如下关系：

$$\left. \begin{aligned} \sigma_2 &= \sigma_3 < \sigma_1 \\ d\sigma_2 &= d\sigma_3 \end{aligned} \right\} \tag{5.33}$$

此外，平均正应力增量 $\mathrm{d}p$ 和广义剪应力增量 $\mathrm{d}q$ 与各主应力增量之间的关系为

$$\left.\begin{array}{l} \mathrm{d}p = \dfrac{1}{3}(\mathrm{d}\sigma_1 + 2\mathrm{d}\sigma_3) \\[3mm] \mathrm{d}q = \mathrm{d}\sigma_1 - \mathrm{d}\sigma_3 \end{array}\right\} \tag{5.34}$$

体变增量 $\mathrm{d}\varepsilon_v$ 和广义剪应变增量 $\mathrm{d}\varepsilon_s$ 与各主应变增量之间的关系为

$$\left.\begin{array}{l} \mathrm{d}\varepsilon_v = \mathrm{d}\varepsilon_1 + 2\mathrm{d}\varepsilon_3 \\[3mm] \mathrm{d}\varepsilon_s = \dfrac{1}{3}\mathrm{d}\varepsilon_1 - \mathrm{d}\varepsilon_v \end{array}\right\} \tag{5.35}$$

式（5.32）～式（5.35）是三轴应力状态下的基本公式，因此，基于三轴应力状态下的各种应力路径试验都是以此为前提的。

由于三轴试验中 $\sigma_3 = \sigma_2$，$\varepsilon_3 = \varepsilon_2$，因此 3 个主应力和 3 个主应变实际上只需要求解 2 个主应力 $\mathrm{d}\sigma_1$ 和 $\mathrm{d}\sigma_3$、2 个主应变 $\mathrm{d}\varepsilon_1$ 和 $\mathrm{d}\varepsilon_3$，其中 $\mathrm{d}\varepsilon_1$ 是程序赋予的已知量。可见，应力路径试验在本质上就是根据应力路径的特点，寻找 $\mathrm{d}\sigma_1$、$\mathrm{d}\sigma_3$ 和 $\mathrm{d}\varepsilon_3$ 这三个未知量与已知量 $\mathrm{d}\varepsilon_1$ 的关系。

（1）普通三轴压缩试验。在满足式（5.32）～式（5.35）的前提下，普通三轴压缩试验的过程是小主应力 σ_3 保持不变，即 $\mathrm{d}\sigma_3 = 0$，在 $\mathrm{d}\varepsilon_1$ 和初始刚度矩阵已知的情况下，$\mathrm{d}\sigma_1$、$\mathrm{d}\sigma_3$ 和 $\mathrm{d}\varepsilon_3$ 这三个未知量与已知量 $\mathrm{d}\varepsilon_1$ 的关系为

$$\left.\begin{array}{l} \mathrm{d}\sigma_3 = 0 \\[3mm] \mathrm{d}\varepsilon_3 = -\dfrac{D_{31}}{2D_{33}}\mathrm{d}\varepsilon_1 \\[3mm] \mathrm{d}\sigma_1 = D_{11}\mathrm{d}\varepsilon_1 + (D_{12} + D_{13})\mathrm{d}\varepsilon_3 \end{array}\right\} \tag{5.36}$$

（2）三轴等 p 试验。等 p 试验即保证加载过程中 p 的增量 $\mathrm{d}p = 0$，因此有 $\mathrm{d}\sigma_1 + 2\mathrm{d}\sigma_3 = 0$，在此前提下，$\mathrm{d}\sigma_1$、$\mathrm{d}\sigma_3$ 和 $\mathrm{d}\varepsilon_3$ 这三个未知量与已知量 $\mathrm{d}\varepsilon_1$ 的关系为

$$\left.\begin{array}{l} \mathrm{d}\varepsilon_3 = -\dfrac{D_{11} + 2D_{31}}{D_{12} + D_{13} + 2D_{32} + 2D_{33}}\mathrm{d}\varepsilon_1 \\[3mm] \mathrm{d}\sigma_1 = D_{11}\mathrm{d}\varepsilon_1 + (D_{12} + D_{13})\mathrm{d}\varepsilon_3 \\[3mm] \mathrm{d}\sigma_3 = -\dfrac{1}{2}\mathrm{d}\sigma_1 \end{array}\right\} \tag{5.37}$$

（3）三轴等 q 试验。等 q 试验是先进行等 p 试验，即程序按照式（5.37）执行；在此阶段 q 一直是变化的，直到 q 变化到预设的目标值时，开始执行等 q 试验。等 q 阶段的特点是 $\mathrm{d}q = 0$，由式（5.34）可得 $\mathrm{d}\sigma_1 = \mathrm{d}\sigma_3$，则进一步可以得到 $\mathrm{d}\sigma_1$、$\mathrm{d}\sigma_3$ 和 $\mathrm{d}\varepsilon_3$ 这三个未知量与已知量 $\mathrm{d}\varepsilon_1$ 的关系为

$$\left.\begin{array}{l} \mathrm{d}\varepsilon_3 = -\dfrac{D_{11} - D_{31}}{D_{32} + D_{33} - D_{12} - D_{13}}\mathrm{d}\varepsilon_1 \\[3mm] \mathrm{d}\sigma_1 = D_{11}\mathrm{d}\varepsilon_1 + (D_{12} + D_{13})\mathrm{d}\varepsilon_3 \\[3mm] \mathrm{d}\sigma_3 = \mathrm{d}\sigma_1 \end{array}\right\} \tag{5.38}$$

（4）三轴等应力比试验。等应力比试验的过程分为两段应力路径，第一段应力路径为 $\sigma_1/\sigma_3 = K_1$，第二段应力路径为 $\Delta\sigma_1/\Delta\sigma_3 = K_2$，实际上在加载过程中都存在 $d\sigma_1 = K d\sigma_3$，因此，进一步可以得到 $d\sigma_1$、$d\sigma_3$ 和 $d\varepsilon_3$ 这三个未知量与已知量 $d\varepsilon_1$ 的关系为

$$\left.\begin{aligned} d\varepsilon_3 &= -\frac{K D_{31} - D_{31}}{D_{12} + D_{13} - K(D_{32} + D_{33})} d\varepsilon_1 \\ d\sigma_1 &= D_{11} d\varepsilon_1 + (D_{12} + D_{13}) d\varepsilon_3 \\ d\sigma_3 &= d\sigma_1/K \end{aligned}\right\} \tag{5.39}$$

5.4.2 常规三轴试验（初始孔隙比相同）

常规三轴试验通常被用来确定本构模型的参数，清华大学李广信教授认为模型对于三轴试验的拟合效果只能说明参数确定的质量[15]，而不能作为模型适用性的验证。但是，常规三轴试验又是检验模型适用性的必要条件。一般而言，现有的本构模型对于 CD 试验的 q-ε_1 曲线拟合效果较好，而对于 ε_v-ε_1 曲线的拟合效果则差异较大，特别是对于粗粒土而言，颗粒的破碎引起的体积变化显著加大了模型预测土体变形的难度。

笔者利用上一节所推导的刚度矩阵及应力路径的实现方法编写了 Fortran 程序，对于此前研究的 6 种不同粗粒土的 CD 试验应力-应变-体变曲线进行了拟合，其中各土料的模型参数见表 5.3，由于大多数土料缺少初始孔隙比，因此初始孔隙比都是按照 0.23 来拟合的。得到的拟合值与试验值如图 5.9 所示。同时，不考虑颗粒破碎时，剪胀方程退化为 Rowe 剪胀方程，即表 5.3 中的参数 $A = C = 0$，β 为无穷大，其他参数保持不变，得到的应力应变曲线也如图 5.9 所示。

表 5.3 各 土 料 的 模 型 参 数

土料编号	文献来源	最优化拟合（缺少压缩试验）				根据 CD 试验直接求取						
		n	h_s/MPa	$\kappa/10^{-3}$	H_0	M_c	β	A	C	$\varphi_{0e}/(°)$	$\Delta\varphi$	k_φ
马吉		0.69	18.5	5.00	0.97	1.49	20	1.98	1.23	48.7	8.0	—
双江口		0.95	17.2	6.00	0.49	1.61	20	2.04	1.34	52.8	12.3	—
05	文献 [16]	0.70	53.6	5.03	1.09	1.69	20	2.09	1.40	54.6	9.3	—
14	文献 [17]	0.71	9.8	9.77	1.38	1.40	15	1.80	1.60	47.5	11.6	—
07-2	文献 [7]	0.51	78.4	7.12	0.26	1.59	20	2.07	1.26	51.5	8.0	—
13-2	文献 [18]	0.48	19.1	7.89	1.48	1.68	20	2.09	1.19	51.8	8.8	—

图 5.9 中的 6 种粗粒土，试验方案都是单一初始孔隙比的土料在不同围压下进行加载剪切，因此，需要用到的参数实际上只有 11 个，不包括考虑初始孔隙比 e_0 对峰值应力比 M_f 影响的参数 k_φ。这 6 种粗粒土主要代表了三种典型的剪胀状态：①土体在低围压先剪缩后剪胀、在高围压下剪缩，比如双江口堆石料和土料 13-2；②各个围压下都呈现出明显的剪胀性，比如土料 05 和土料 14；③各个围压下几乎都不存在剪胀，如马吉堆石料和土料 07-2。对于这 6 种土料，考虑颗粒破碎时，模型拟合得到的 ε_v-ε_1 曲线都能反应剪

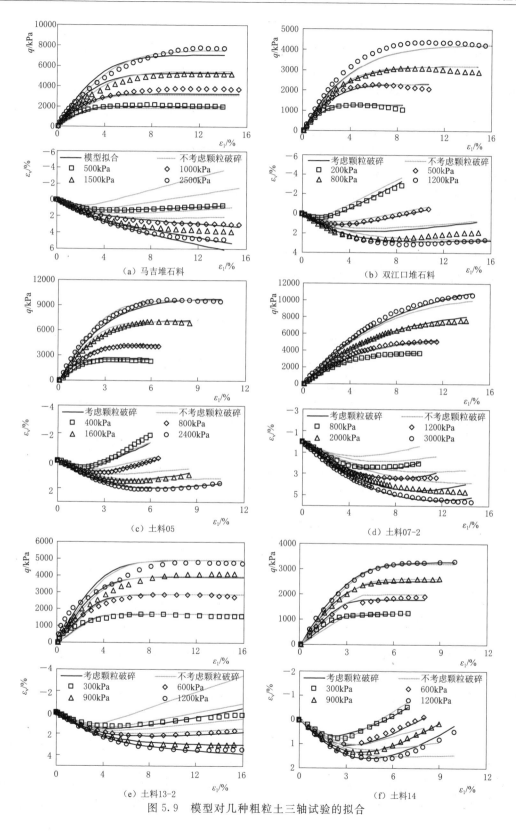

图 5.9　模型对几种粗粒土三轴试验的拟合

缩和剪胀的特点，且与试验值基本吻合；不考虑颗粒破碎时，模型拟合得到的 ε_v-ε_1 曲线基本都位于试验值上方。这是由于颗粒破碎之后，颗粒翻滚和重新排列，会削弱实际土体的剪胀变形，因此，不考虑颗粒破碎时的模型对于剪胀变形的估计是大于实际值的，即预测的 ε_v-ε_1 曲线位于试验值的上方。

现有的本构模型对于 q-ε_1 曲线，特别是应变硬化型的曲线，预测效果都较好。本书模型在考虑颗粒破碎和不考虑颗粒破碎时，对于 q-ε_1 曲线的拟合效果如图 5.9 所示，可见，模型预测值都与试验值吻合较好。其原因在于，对于偏应力 q 的预测精度主要取决于峰值应力比 M_f。模型考虑与不考虑颗粒破碎时，与峰值应力比 M_f 相关的参数 φ_{0e} 和 $\Delta\varphi$ 是不变的，因此，模型对于偏应力 q 的预测效果基本相同。

5.4.3　常规三轴试验（初始孔隙比不同）

该模型实际上包含四个核心部分，其中，塑性部分包括广义塑性模型的三要素：流动方向 $\boldsymbol{n}_g$ 和加载张量 $\boldsymbol{n}_f$ 和塑性模量 H；弹性部分为弹性模量 E。流动方向 $\boldsymbol{n}_g$ 和加载张量 $\boldsymbol{n}_f$ 的核心是剪胀方程 d_g 和峰值应力比 M_f，经过前文的推导与证明，该模型中 d_g 和 M_f 的表达式都能够同时反映初始孔隙比 e_0 和围压 σ_3 的影响。而塑性模量 H 和弹性模型 E 的表达式中都同时含有 e_0 和 p，分别如式（5.30）和式（5.31）所示，可以同时反映初始孔隙比 e_0 和围压 σ_3 的影响。因此，从理论上讲，该模型不仅能够描述土料在 e_0 相同、σ_3 不同时的应力应变性质，还能够反映土料在 e_0 不同、σ_3 不同时的应力应变性质。

基于以上分析，本节继续以土料 08 和土料 25 为例，检验模型能否预测土料在 e_0 不同、σ_3 不同时的应力应变性质。这两种土料的模型参数汇总见表 5.4。

土料 25 以 e_0 为 0.290、0.239 和 0.167 为例，在围压 σ_3 分别为 200kPa、500kPa、800kPa 和 1200kPa 时，应力应变试验值如图 5.10 所示。土料 08 以 e_0 为 0.559、0.437 和 0.315 为例，在围压 σ_3 分别为 500kPa 和 2000kPa 时，应力应变试验值如图 5.11 所示。

表 5.4　　　　　　　　　　各土料的模型参数（考虑孔隙比 e_0）

土料编号	文献来源	最优化拟合（缺少压缩试验）				根据 CD 试验直接求取						
		n	h_s/MPa	$\kappa/10^{-3}$	H_0	M_c	β	A	C	$\varphi_{0e}/(°)$	$\Delta\varphi$	k_φ
08	文献[10]	0.41	20.7	9.85	0.69	1.73	20	2.14	1.25	60.5	9.5	17.4
25	文献[11]	0.72	25.1	3.51	2.10	1.72	20	1.75	1.08	62.2	6.3	44.8

由于土料 25 的初始孔隙比都较低，即试样都较为密实，因此，不同初始孔隙比的试样在各个围压下都出现了显著的应力软化现象。

值得注意的是，如式（5.31）所示，本书模型中的弹性模量 E 是大于 0 的，如式（5.30）所示，塑性模型 H 的表达式中除（M_f-η）外，其他因式都大于 0。当在固定 e_0 固定 σ_3 条件下时，M_f 为定值，且 M_f 是峰值应力比，即（M_f-η）也是大于 0 的。简而言之，弹性模量 E 和塑性模量 H 都是大于 0 的，因此，模型无法反映应力软化，如图 5.10 所示：初始孔隙比 e_0 越小、围压 σ_3 越小，则软化越显著，模型预测误差越大。但是，对于出现软化之前的 q-ε_1 曲线，则预测较为准确，说明模型对于试样在不同初始孔隙比、不同围压时的峰值应力预测较为准确，进一步反映了式（5.24）对于峰值应力比 M_f 的适应性较好。

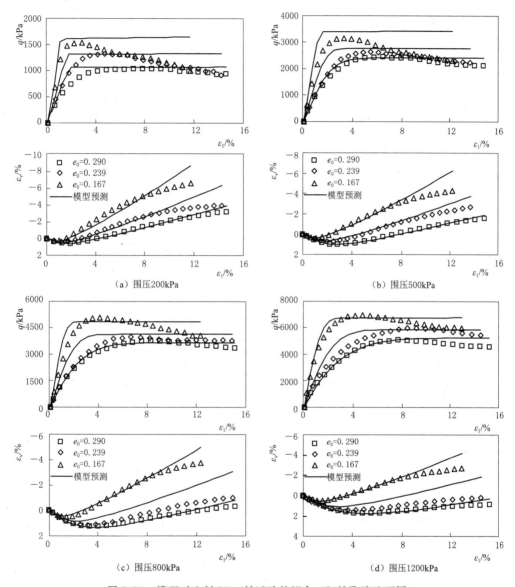

图5.10　模型对土料25三轴试验的拟合（初始孔隙比不同）

相反，土料08的试样在不同的初始孔隙比、不同围压下都表现为应变硬化，则模型对于 q-ε_1 的预测与试验值吻合较好，如图5.11所示。

对于土料25和土料08，尽管模型无法反映应力软化，但是对于 ε_v-ε_1 关系的预测效果依然较好，分别如图5.10和图5.11所示。

综上所述，本书模型的优点是对于三轴试验的 ε_v-ε_1 关系的预测效果较好，能够反映粗粒土的剪胀；对于应力硬化型的 q-ε_1 关系的预测效果较好。模型的缺点在于无法反应应力软化，但是对于出现软化之前的 q-ε_1 关系的预测效果依然较好。

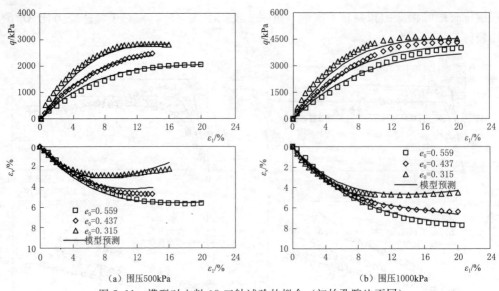

图 5.11　模型对土料 08 三轴试验的拟合（初始孔隙比不同）

5.4.4　三轴等 p 试验

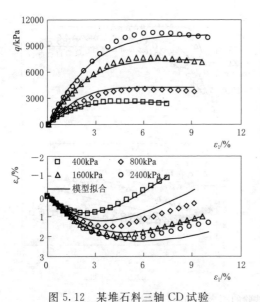

图 5.12　某堆石料三轴 CD 试验
应力-应变-体变曲线

本构模型的适用性需要通过一系列复杂应力路径试验来验证，其中，等 p 试验等 q 试验和等应力比试验是最常用的验证试验。本书利用某堆石料进行了一组等 p 试验等 q 试验和等应力比试验，并利用所提出的广义塑性模型进行了预测；同时，选择了应用较为广泛的邓肯-张 $E-\nu$ 模型（$E-\nu$）、椭圆-抛物线双屈服面模型（TY）和 UH 模型（UH）进行对比分析。

该堆石料的常规三轴试验的应力-应变-体变曲线如图 5.12 所示，拟合得到的模型参数见表 5.5。由图 5.12 可见，本书模型对于三轴 CD 试验的应力应变关系拟合效果较好，说明得到的模型参数可靠度较高。

表 5.5　　　　　　　　　　　**堆石料的模型参数**

最优化拟合（缺少压缩试验）				根据 CD 试验直接求取						
n	h_s/MPa	$\kappa/10^{-3}$	H_0	M_c	β	A	C	$\varphi_{0e}/(°)$	$\Delta\varphi$	k_φ
0.75	15.7	3.50	2.29	1.75	20	2.23	1.43	55.6	8.9	—

等 p 试验在 $\sigma_1-\sigma_3$ 平面上的加载应力路径如图 5.13（a）所示，试验保持平均正应力 p 分别为 400kPa、800kPa、1600kPa 和 2400kPa。由于程序是基于大主应变增量 $d\varepsilon_1$ 而编

写，图 5.13（b）分别显示 q-p 平面内的各个模型的应力路径预测值与试验值相符，说明了程序编写是正确的。

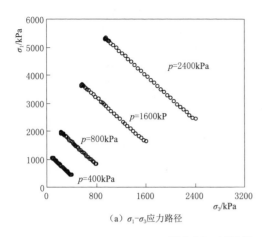

（a）σ_1-σ_3 应力路径

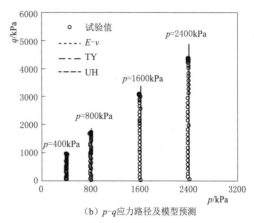

（b）p-q 应力路径及模型预测

图 5.13　三轴等 p 试验加载应力路径

在此基础上，分析了模型对于 q-ε_a 关系曲线的预测效果，如图 5.14 所示。首先，总的来说，各模型对偏应力 q 随轴向应变 ε_a 的变化趋势预测效果都较好，且模型之间的差异并不明显。

图 5.15 给出了各个模型对于 q-ε_v 关系的预测值。首先，E-ν 模型对于体变 ε_v 的预测值都为 0，这是由于在轴对称三轴等 p 路径下，E-ν 模型的应变关系有 $\mathrm{d}\varepsilon_2 = \mathrm{d}\varepsilon_3 = -\dfrac{1}{2}\mathrm{d}\varepsilon_1$，而体积应变 $\mathrm{d}\varepsilon_v = \mathrm{d}\varepsilon_1 + \mathrm{d}\varepsilon_2 + \mathrm{d}\varepsilon_3$，

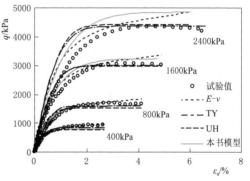

图 5.14　等 p 试验 q-ε_a 关系曲线
试验值及模型预测

因此，模型的体变预测结果为 0。TY、UH 和本书模型都能反映出 ε_v 随 q 先增大后减小的变化趋势，但是与试验值相比，这三个模型预测的体变 ε_v 从小到大依次为 UH<TY<本书模型<试验值。一方面，各个模型对于体变 ε_v 的预测值都存在偏差，无法达到预测三轴 CD 试验的精度；另一方面，本书模型的预测值在四个模型中与试验值最为接近，说明本书模型具有一定的适用性。进一步地，四个模型对于三轴等 p 试验预测效果由好到差的排序为：本书模型>TY>UH>E-ν。

5.4.5　三轴等 q 试验

三轴等 q 试验实际上是分为等 p 和等 q 加载两个阶段。第一阶段，利用该堆石料先做等 p 为 800kPa 加载：试样在 σ_1-σ_3 平面的加载应力路径如图 5.16（a）所示，在 $\sigma_3 = 800$kPa 下完成固结，然后将 $\sigma_3 = 800$kPa 作为加载起点，保持等 $p = 800$kPa 的等 p 加载。第二阶段，在等 p 加载过程中，剪应力 q 逐渐增大，当剪应力水平等于 0.25、0.5、0.75 转为等 q 加载，此时对应的 q 值分别为 480kPa、920kPa 和 1400kPa。试样在 q-p 空间内

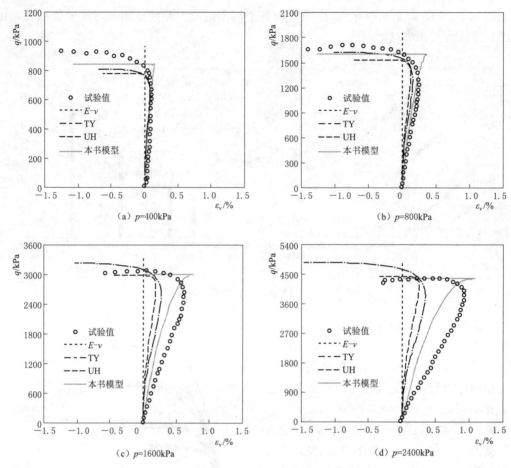

图 5.15　等 p 试验 q-ε_v 关系曲线试验值及模型预测

的应力路径如图 5.16（b）所示。程序实现的 q-p 应力路径曲线与试验曲线完全重合，证明上一节所编制的程序是合理的。

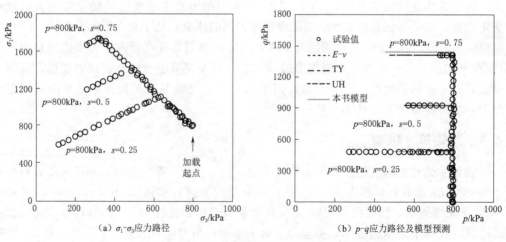

图 5.16　三轴等 q 试验加载应力路径

进一步地，整理了等 p 和等 q 加载过程中的 q-ε_1 曲线和 q-ε_v 曲线，如图 5.17 所示。值得注意的是，理论上讲，三个应力水平的试样都是先经过等 p=800kPa 的阶段，因此在等 p 阶段的曲线应该重合，由于试验是存在偶然误差的，试验值在等 p 阶段并未完全重合，但是在可接受范围。相反，模型预测值是基于相同的参数和相同的等 p 加载阶段，因此，等 p 阶段模型预测值是重合的。从图 5.17 可以看出，相同的 q 值下，相比于试验实测值，当应力 q 一定时，本书模型所预测的轴向变形 ε_a 与试验值相比

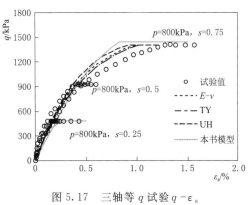

图 5.17　三轴等 q 试验 q-ε_a
试验值及模型预测

是偏小的，但是总体上讲，模型对 q-ε_a 关系的预测是合理的；同理，E-ν、TY 和 UH 这三个模型对于 q-ε_a 关系的预测与本书模型相近，说明四个模型对于应力 q 的变化趋势预测效果较好。

对比图 5.18 中的体变曲线，试验开始的等 p 阶段，四个模型预测的体变规律与等 p 试验类似，即 E-ν 模型对于体变 ε_v 的预测值都为 0，TY、UH 和本书模型预测的体变 ε_v 从小到大依次为 UH<TY<本书模型<试验值。当进入等 q 加载阶段时，试样实际上很快就已经破坏，表现为偏应力 q 不变而体变 ε_v 持续减小，对于试验破坏之后的体变持续减小这一规律的预测，各模型是不存在难点的，包括 E-ν 模型也能反映出 ε_v 减小的规律，如图 5.18 所示。因此，等 q 试验预测的难点在于，由 p 状态转变为等 q 状态之后至试样破坏之前的这一阶段，即转折点处的体变量 ε_v 成为衡量模型预测效果的关键。这一转折点实际上是等 p 阶段的终点，因此，对于三轴等 p 试验的预测效果在很大程度上决定了对三轴等 q 试验的预测效果。最终，可以确定四个模型的效果由好到差的排序依然为：本书模型>TY>UH>E-ν。

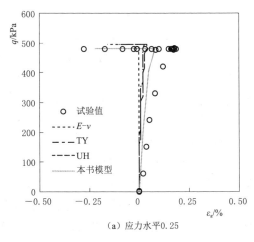

（a）应力水平0.25

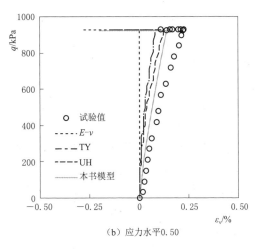

（b）应力水平0.50

图 5.18（一）　三轴等 q 试验 q-ε_v 试验值及模型预测

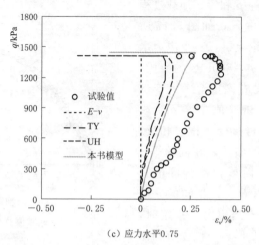

（c）应力水平0.75

图 5.18（二）　三轴等 q 试验 $q-\varepsilon_v$ 试验值及模型预测

5.4.6　三轴等应力比试验

土石坝在填筑期，土体的大小主应力成比例增加；在蓄水期，大小主应力的增量成比例增加。因而两段等应力比试验通常用来模拟大坝填筑期和蓄水期的应力路径，其加载路

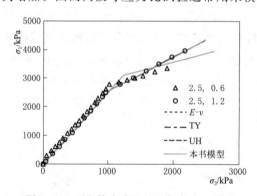

图 5.19　两段等应力比试验加载应力路径

径第一段应力路径为 $\sigma_1/\sigma_3 = K_1$，第二段应力路径为 $\Delta\sigma_1/\Delta\sigma_3 = K_2$。现选取 $K_1 = 2.5$，$K_2 = 0.6$ 和 $K_1 = 2.5$，$K_2 = 1.2$ 这两组试验来验证本书模型的适用性。试验加载路径和模型预测加载路径如图 5.19 所示，各模型加载路径与试验加载路径相同，说明有限元程序无误。

图 5.20 和图 5.21 分别给出了两组试验的 $q-\varepsilon_1$ 和 $\varepsilon_v-\varepsilon_1$ 试验值及模型预测值。总的来说，由于试验加载应力路径在 K_1 和 K_2 阶段转折较为明显，反映在 $q-\varepsilon_1$ 和 $\varepsilon_v-\varepsilon_1$ 曲线也存在对应的转折，各个模型基本预测出了这一特征。但是，从数值上讲，各个模型的预测效果都不太理想，且规律是相同的，都是对轴向应变 ε_a 的预测值偏大。本书模型的预测值与其他三个模型相比，虽然相对而言效果最好，但是和试验值相比，差异依然较为显著。此外，之前有学者[19]也利用不同的模型对等应力比试验进行了预测，效果也不理想。这说明，对于等应力比试验的预测效果欠佳是大多数模型的共同短板，本书所提出的模型在这一点上未能取得突破。

综上所述，本书模型对于各种粗粒土的普通三轴 CD 试验的拟合效果较好，且能够同时反映初始孔隙比和围压对应力应变的影响；同时，能够合理地预测三轴等 p 和等 q 应力路径试验，说明本书所提出的模型具有一定的适用性。但是对于三轴等应力比试验的预测效果不良，说明该模型依然还有改进的空间。此外，对于更多复杂应力路径试验，比如等 b 试验、平面应变试验等。一方面，第 4 章已将剪胀方程推广到了三维应力状态，且证明

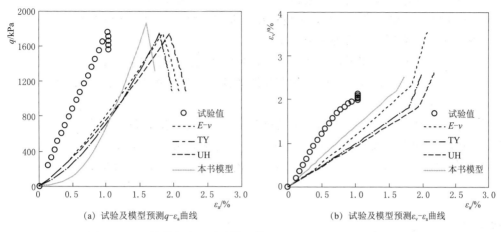

(a) 试验及模型预测q-ε_a曲线 　　　　　　(b) 试验及模型预测ε_v-ε_a曲线

图 5.20　三轴等应力比试验值及模型预测（$K_1=2.5$，$K_2=0.6$）

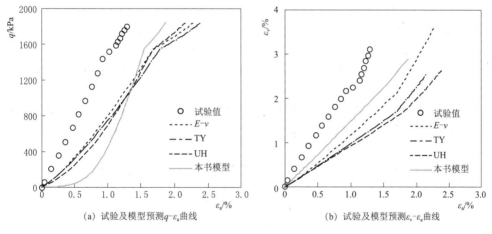

(a) 试验及模型预测q-ε_a曲线 　　　　　　(b) 试验及模型预测ε_v-ε_a曲线

图 5.21　三轴等应力比试验值及模型预测（$K_1=2.5$，$K_2=1.2$）

了对于土体在三维应力状态下的剪胀性预测效果较好；另一方面，剪胀方程的适用性在较大程度上决定了本构模型的预测效果。因此，笔者相信将三维应力状态的剪胀方程代入模型（同时将其他重要参数三维化，比如峰值应力比 M_f），对于各种真三轴应力路径试验的预测效果不会太差，但是难免存在参数过多的问题（剪胀方程三维化需要增加三个 b 相关系数 k_1、k_2 和 k_3）。所以，本书目前只验证了普通三轴应力路径试验。

5.5　本章小结

广义塑性模型的三要素为塑性流动方向 n_g、加载方向 n_f 和塑性模量 H，在这一理论框架下，本章引入了第 4 章提出的剪胀方程来描述塑性流动方向 n_g，同时也确定了加载方向 n_f 和塑性模量 H，建立了一个适用于粗粒土的广义塑性模型。利用各种复杂应力路径试验对模型的适用性进行了验证，同时分析了模型参数的敏感性，主要结论如下：

（1）所建立的广义塑性模型参数为 12 个，且参数确定方法简单明确，通过普通三轴 CD 试验和压缩试验即可确定。推导了模型在一般应力状态下刚度矩阵和柔度矩阵，并编写了预测各种应力路径试验的有限元程序。

（2）利用模型拟合了多种不同母岩、不同初始孔隙比的粗粒土三轴 CD 试验数据，结果表明模型对于应力—应变—体变的预测效果都较好，且模型能够同时反映初始孔隙比、围压对于应力应变的影响。

（3）利用该模型预测了某堆石料的三轴等 p、三轴等 q 试验和三轴等应力比试验，并与邓肯-张 E-ν 模型、殷宗泽椭圆-抛物线双屈服面模型和 UH 模型进行了对比，结果表明，本书模型对于三轴等 p 和等 q 试验的预测效果较好，对于等应力比试验的预测效果不甚理想。

参考文献

［1］ ROSCOE K H. On the generalised stress – strain behaviour of wet clay ［J］. Engineering Plasticity, 1968: 535 – 609.

［2］ ZIENKIEWICZ O C. Generalized plasticity and some models for geomechanics ［J］. Applied Mathematics and Mechanics, 1982, 3 (3): 303 – 318.

［3］ PASTOR M, ZIENKIEWICZ O C. A generalized plasticity, hierarchical model for sand under monotonic and cyclic loading ［C］//Numerical methods in geomechanics. London: Jackson, 1986: 131 – 150.

［4］ PASTOR M, ZIENKIEWICZ O C, CHAN A H C. Generalized plasticity and the modelling of soil behaviour ［J］. International Journal for Numerical & Analytical Methods in Geomechanics, 1990, 14 (3): 151 – 190.

［5］ 陈生水, 傅中志, 韩华强, 等. 一个考虑颗粒破碎的堆石料弹塑性本构模型 ［J］. 岩土工程学报, 2011, 33 (10): 1489 – 1495.

［6］ 郭万里, 朱俊高, 彭文明. 粗粒土的剪胀方程及广义塑性本构模型研究 ［J/OL］. 岩土工程学报, 2017, 07. http://kns. cnki. net/kcms/detail/32. 1124. TU. 20170630. 1121. 008. html.

［7］ 王占军, 陈生水, 傅中志. 堆石料的剪胀特性与广义塑性本构模型 ［J］. 岩土力学, 2015 (7): 1931 – 1938.

［8］ 褚福永, 朱俊高, 赵颜辉, 等. 粗粒土初始各向异性弹塑性模型 ［J］. 中南大学学报（自然科学版）, 2012, 43 (5): 1914 – 1919.

［9］ 姚仰平, 黄冠, 王乃东, 等. 堆石料的应力—应变特性及其三维破碎本构模型 ［J］. 工业建筑, 2011 (09): 12 – 17.

［10］ 蔡正银, 丁树云, 毕庆涛. 堆石料强度和变形特性数值模拟 ［J］. 岩石力学与工程学报, 2009, 28 (7): 1327 – 1334.

［11］ 方智荣. 粗粒料三轴试验及本构模型参数反演研究 ［D］. 南京：河海大学, 2007.

［12］ LI X S, DAFALIAS A. Dilatancy for cohesionless soils ［J］. Geotechnique, 2000, 50 (4): 449 – 460.

［13］ LIU J, ZOU D, KONG X, et al. Stress – dilatancy of Zipingpu gravel in triaxial compression tests ［J］. Science China Technological Sciences, 2016, 59 (2): 214 – 224.

［14］ ALONSO E E, ITURRALDE E F O, Romero E E. Dilatancy of Coarse Granular Aggregates ［J］. Springer Proceedings in Physics, 2007, 112: 119 – 135.

［15］ 李广信. 关于土的本构模型研究的若干问题 ［J］. 岩土工程学报, 2009 (10): 1636 – 1641.

［16］ 傅华，陈生水，凌华，等．高应力状态下堆石料工程特性试验研究 ［J］．水利学报，2014（s2）：83－89．

［17］ VARADARAJAN A，SHARMA K G，Abbas S M，et al. Constitutive Model for Rockfill Materials and Determination of Material Constants ［J］. International Journal of Geomechanics，2006，6（4）：226－237.

［18］ 孙海忠，黄茂松．考虑粗粒土应变软化特性和剪胀性的本构模型 ［J］．同济大学学报（自然科学版），2009（6）：727－732．

［19］ 张宗亮，贾延安，张丙印．复杂应力路径下堆石体本构模型比较验证 ［J］．岩土力学，2008，29（5）：1147－1151．

第6章

珊瑚砂的应用与验证

本书研究了粗粒土的颗粒破碎规律，提出了考虑颗粒破碎影响的剪胀方程及本构模型，其适用性尚需广泛验证。珊瑚砂又称钙质砂，主要分布在珊瑚岛礁周围，由于特殊的生物成因，珊瑚砂内部结构疏松并含有大量孔隙，颗粒具有易折断和易破碎的特点。因此，珊瑚砂是最具代表性的易碎散粒材料，能对本书所提出的理论及模型进行验证。本章以珊瑚砂为例，开展珊瑚砂的颗粒破碎及应力变形试验研究，验证本书所提出的级配方程、剪胀方程及本构模型的适用性。

6.1 珊瑚砂简介

珊瑚礁是热带海洋中极其宝贵的陆地资源，我国海域珊瑚礁发育，可建成现代化的深海远洋渔业、海洋能源开发、交通运输业及国防事业的依托和前方基地。随着我国"一带一路"倡议的实施，沿线海洋开发逐渐加快，作为海洋深处的重要支点，珊瑚礁上的工程建设成为各方关注的焦点[1-4]。

珊瑚礁在涨潮时淹没，退潮时露出，时隐时现，修筑建筑物需要先填高，在我国岛屿建设中一般就地取材采用珊瑚礁沉积物作为场地填料。珊瑚礁的矿物成分主要为文石和高镁方解石，化学成分主要为碳酸钙，因此珊瑚礁沉积物也被称为钙质土。根据细颗粒和粗颗粒的含量不同，钙质土又主要分为钙质砂和钙质砾石。目前大多数的研究都是将大颗粒剔除，只研究其中的细粒组分——钙质砂，粒径一般小于5mm。研究表明，随着粒径的加大，钙质土的颗粒破碎和物理力学特性都会改变，不能简单地以钙质土细粒组分（钙质砂）的性质来代替钙质土。因此，对钙质土中的粗粒组分——珊瑚礁砂砾料的相关研究亟待开展。

由于特殊的生物成因，钙质土内部结构疏松并含有大量孔隙，其崩解破碎后的颗粒具有强度低、形状极不规则、易折断和易破碎的特点，使得珊瑚砂填料具有不同于常规碎石、堆石和砂砾石等填料的特殊力学特性[5-8]。比如，在几百千帕的常规工程压力范围内，珊瑚礁砂砾料的压缩指数是常规砂砾料的数十倍，主要原因在于其颗粒破碎带来的高压缩性效应。因此，研究珊瑚砂的颗粒破碎演化规律，对于深刻认识其力学特性、构建适用的本构模型具有重要的工程意义和理论意义[9-14]。

研究珊瑚砂颗粒破碎演化规律，是为了以颗粒破碎这一显著特征为载体，深刻认识珊瑚砂的物理力学特性，对于本书所提出的考虑颗粒破碎的剪胀方程及本构模型而言，珊瑚砂是最适合用来检验模型效果的一类土体。

144

6.2 珊瑚砂的颗粒破碎

6.2.1 试验方案

试验选用的土料为珊瑚砂，CD 试验采用全自动三轴仪，试样尺寸为 $\phi 39.1\text{mm} \times H80\text{mm}$。由于大于 2mm 的颗粒质量仅占 0.3%，三轴试验时剔除了该部分颗粒，颗粒比重 $G_s = 2.78$，不均匀系数 $C_u = 1.76$，曲率系数 $C_c = 0.88$，制样粒组含量见表 6.1。

表 6.1   珊 瑚 砂 各 粒 组 含 量

粒组/mm	2~1	1~0.5	0.5~0.25	0.25~0.075	<0.075
质量占比/%	12.0	45.6	41.5	0.6	0.3

笔者此前重点开展了制样相对密度为 0.95、0.85 和 0.75 的三轴 CD 试验及相关性质研究[1-2]，在此基础上，进一步补充了相对密度为 0.65 的三轴 CD 试验。补充试验之后，完整的试验方案见表 6.2，制样相对密度为 0.95、0.85、0.75 和 0.65，对应孔隙比 e_0 分别为 0.931、0.972、1.000 和 1.031，每组试样在饱和状态下进行了 4 个不同围压，即 100kPa、200kPa、300kPa 和 400kPa 的常规三轴固结排水剪切试验（CD 试验）。其中，剪应力 q 和体变 ε_v 在轴向应变 ε_1 达到 25% 以后基本趋于稳定，说明试样都达到了临界状态。

表 6.2   三 轴 CD 试 验 方 案

制样相对密度	制样孔隙比 e_0	围压/kPa
0.95	0.931	100、200、300、400
0.85	0.972	100、200、300、400
0.75	1.000	100、200、300、400
0.65	1.031	100、200、300、400

6.2.2 临界状态线

石英砂的临界状态线在 e-$(p/p_a)^\xi$ 平面内为直线[3]，表达式为

$$e_c = e_\Gamma - \lambda \left(\frac{p}{p_a} \right)^\xi \tag{6.1}$$

式中：e_c 为临界状态孔隙比；e_Γ、λ 和 ξ 为材料参数；p_a 为标准大气压；ξ 为材料参数，对于石英砂一般取为 $0.6 \sim 0.8$[1]。

参考石英砂的临界状态特性，首先将珊瑚砂在临界状态时的 e-p 试验值绘制在 e-$(p/p_a)^\xi$ 平面，ξ 取为 0.7，如图 6.1 所示。

图 6.1 显示，珊瑚砂在 e-$(p/p_a)^\xi$ 平面的临界状态线可以用直线来表示，这一点与石英砂相同；但是，直线并不是唯一的，而是不同初始孔隙比 e_0 的试样各自对应一条临

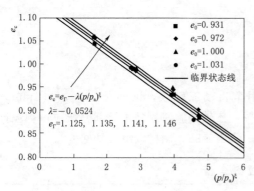

图 6.1　珊瑚砂在 e-$(p/p_a)^\xi$ 的临界状态线

界状态线，且各条线之间基本平行，即斜率 λ 相同，截距 e_Γ 不同，且截距 e_Γ 与 e_0 有关，这与普通石英砂不同，而是类似于堆石料等易碎材料[11]。

图 6.1 中，不同初始孔隙比 e_0 对应的临界状态线斜率 λ 都为 -0.0524，截距 e_Γ 与 e_0 之间则存在显著的线性关系：

$$e_\Gamma = e_{\Gamma 0} + k_c e_0 \qquad (6.2)$$

e_Γ 与 e_0 之间的关系如图 6.2 所示，其中，参数 $e_{\Gamma 0} = 0.928$，$k_c = 0.211$；复相关系数 $R^2 = 0.991$。式 (6.2) 的斜率 k_c 为正值，说明初始孔隙比 e_0 越大，则对应的临界状态线截距 e_Γ 越大。

将式 (6.2) 代入式 (6.1) 可得，珊瑚砂在任意初始孔隙比 e_0 下的临界状态线可以表示为

$$e_c = e_{\Gamma 0} + k_c e_0 - \lambda \left(\frac{p}{p_a} \right) \qquad (6.3)$$

式 (6.3) 说明，珊瑚砂的临界状态孔隙比 e_c 不仅与应力状态 p 相关，还与初始孔隙比 e_0 相关。

从另一个角度分析，基于本书的试验数据，珊瑚砂的临界状态用式 (6.1) 来描述也同样适用，如图 6.3 所示。

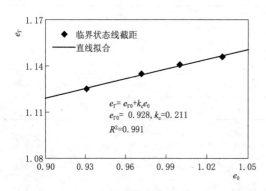

图 6.2　珊瑚砂临界状态线斜率 e_Γ 与 e_0 的关系

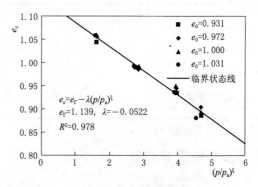

图 6.3　珊瑚砂在 e-$(p/p_a)^\xi$ 的临界状态线

图 6.3 中，临界状态线的截距 $e_\Gamma = 1.139$，斜率 $\lambda = -0.0522$（约等于图 6.1 中各平行线的斜率），复相关系数 $R^2 = 0.978$。一方面，从纯数学拟合的角度来讲，图 6.3 中用统一的临界状态线来描述不同初始孔隙比 e_0 的珊瑚砂，是合理的，负相关系数值 R^2 高达 0.978。另一方面，图 6.1 中，不同 e_0 对应的临界状态线截距 e_Γ 虽然不同，最大值为 1.146，最小值为 1.125，差异非常小，将图 6.1 中的四条线合并为同一条线，同样是合理的。

综合可得，对于珊瑚砂在 e-$(p/p_a)^\xi$ 平面的临界状态线是否唯一，即临界状态线的斜

率 e_Γ 与初始孔隙比 e_0 是否相关，还需要大量的试验数据来论证。类似的争议，同样出现在堆石料等易破碎散粒材料中，蔡正银等[13]、Xiao 等[11]认为 e_Γ 与初始孔隙比 e_0 相关，丁树云等[5]、武颖利等[12]则认为 e_Γ 与初始孔隙比 e_0 无关。可见，颗粒易碎的散粒材料在 $e-(p/p_a)^\xi$ 平面的临界状态线是否唯一，目前尚未形成统一认识。

6.2.3 等向固结线

珊瑚砂的临界状态线用 $e-(p/p_a)^\xi$ 平面内的直线描述，类似地，将等向固结完成时的孔隙比 e 与正应力 p 绘制在 $e-(p/p_a)^\xi$ 平面内，如图 6.4 所示。可见，$e-\ln p$ 平面内的等向固结线表现出与图 6.1 中临界状态线类似的规律，可以描述为

$$e_{ic} = e_{\Gamma ic} - \lambda_{ic} \left(\frac{p}{p_a} \right)^\xi \tag{6.4}$$

式中：e_{ic} 为等向固结完成时的孔隙比；$e_{\Gamma ic}$ 和 λ_{ic} 为材料参数；ξ 取值也为 0.7。

图 6.4 中，不同初始孔隙比 e_0 的试样在 $e-(p/p_a)^\xi$ 平面内各自对应一条等向固结线，且各条线之间基本平行，即斜率 λ_{ic} 相同，都为 -0.0343；截距 $e_{\Gamma ic}$ 不同，与 e_0 之间则存在显著的线性关系：

$$e_{\Gamma ic} = e_{\Gamma ic0} + k_{ic} e_0 \tag{6.5}$$

$e_{\Gamma ic}$ 与 e_0 之间的关系如图 6.5 所示，其中，参数 $e_{\Gamma ic0}=0.493$，$k_c=0.489$；拟合相关系数 $R^2=0.956$。将式（6.5）代入式（6.4）可得，该珊瑚砂在任意初始孔隙比下的等向固结线可以表示为

$$e_{ic} = e_{\Gamma ic0} + k_{ic} e_0 - \lambda_{ic} \left(\frac{p}{p_a} \right)^\xi \tag{6.6}$$

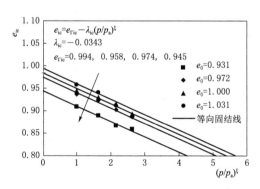
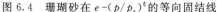
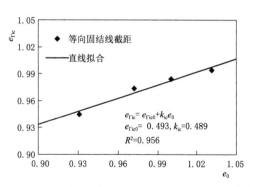

图 6.4　珊瑚砂在 $e-(p/p_a)^\xi$ 的等向固结线　　图 6.5　珊瑚砂等向固结线斜率 $e_{\Gamma ic}$ 与 e_0 的关系

显然，将图 6.4 中的四条曲线合并成一条是不合理的，四条线中最大截距为 0.994，最小截距为 0.945，相差较为显著。将图 6.4 中的 16 个数据点用同一条直线拟合时的复相关系数 $R^2=0.583$，因此，与图 6.3 不同的是，将图 6.4 中的四条等向固结线合并为一条直线将会产生较大误差。

综上可得，珊瑚砂的等向固结线在 $e-(p/p_a)^\xi$ 平面内是一组与初始孔隙比 e_0 成正相关的平行线。

6.2.4　临界状态应力比

人们确定临界状态应力比 M_c 时，通常在 q-p 平面描绘临界状态偏应力 q 和临界状态正应力 p 的试验值，然后用通过原点的直线拟合，得到的斜率即是 M_c。图 6.6 给出了本章不同围压、不同初始孔隙比的 16 个珊瑚砂试样在临界状态时的 q-p 试验值散点图，并利用直线 $q = M_c p$ 进行了拟合，得到临界状态应力比 $M_c = 1.680$，复相关系数 R^2 高达 0.991，接近于 1。

罗汀等[4]此前在研究堆石料的临界状态应力比 M_c 时曾指出：$q = M_c p$ 的拟合相关系数 R^2 接近于 1 不能作为评判 M_c 为定值的唯一标准。事实上，对于图 6.6 中拟合斜率 M_c，R^2 接近于 1 具有较大的欺骗性。图 6.7 给出了 16 个试样在临界状态时的应力比 M_c，采用 $M_c = q_c / p_c$ 进行计算，其中，q_c 和 p_c 分别为试样达到临界状态时的剪应力和正应力。图 6.7 中，$e_0 = 0.931$、$\sigma_3 = 300$ kPa 时，M_c 最大，为 1.748，明显高于图 6.6 拟合得到的定值 $M_c = 1.680$；$e_0 = 1.031$、$\sigma_3 = 100$ kPa 时，M_c 最小，为 1.451，明显低于定值 $M_c = 1.680$。由此可见，珊瑚砂的临界状态应力比 M_c 并非定值，而是受到初始孔隙比 e_0 和围压的 σ_3 的共同影响，这与普通石英砂的性质不同。

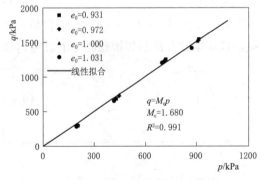

图 6.6　珊瑚砂临界状态剪应力 q 与正应力 p

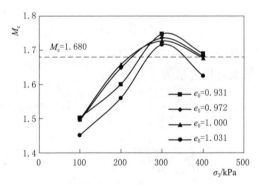

图 6.7　珊瑚砂临界状态应力比 M_c 与 e_0 和 σ_3 的关系

6.2.5　颗粒破碎规律

珊瑚砂经过三轴剪切，会发生颗粒破碎。如图 6.8 所示，以 $e_0 = 0.931$ 的四个试样为例，试验后的大颗粒含量降低，细颗粒含量上升，即级配曲线呈现出往上抬升的现象。将试验值作为散点，利用第 2 章中所提出的级配方程进行拟合，得到拟合曲线如图 6.8 所示，可见散点和拟合曲线基本完全重合。除此之外，其他初始孔隙比和围压的试样，颗粒破碎后的级配曲线都能被级配方程很好地描述，相关系数 R^2 都大于 0.99，拟合参数见表 6.3。

表 6.3　　　　　　　　　　　珊瑚砂试验前后的级配参数

土　料　参　数	d_{max}/mm	a	m	R^2
试验前	2	0.991	3.680	>0.99
$e_0 = 0.931$，$\sigma_3 = 100$ kPa	2	0.991	3.464	>0.99

土 料 参 数	d_{max}/mm	a	m	R^2
$e_0 = 0.931$，$\sigma_3 = 200$ kPa	2	0.992	3.493	>0.99
$e_0 = 0.931$，$\sigma_3 = 300$ kPa	2	0.992	3.410	>0.99
$e_0 = 0.931$，$\sigma_3 = 400$ kPa	2	0.994	3.542	>0.99
$e_0 = 0.972$，$\sigma_3 = 100$ kPa	2	0.991	3.566	>0.99
$e_0 = 0.972$，$\sigma_3 = 200$ kPa	2	0.991	3.583	>0.99
$e_0 = 0.972$，$\sigma_3 = 300$ kPa	2	0.991	3.531	>0.99
$e_0 = 0.972$，$\sigma_3 = 400$ kPa	2	0.994	3.689	>0.99
$e_0 = 1.000$，$\sigma_3 = 100$ kPa	2	0.991	3.680	>0.99
$e_0 = 1.000$，$\sigma_3 = 200$ kPa	2	0.989	3.470	>0.99
$e_0 = 1.000$，$\sigma_3 = 300$ kPa	2	0.991	3.572	>0.99
$e_0 = 1.000$，$\sigma_3 = 400$ kPa	2	0.989	3.365	>0.99
$e_0 = 1.031$，$\sigma_3 = 100$ kPa	2	0.991	3.566	>0.99
$e_0 = 1.031$，$\sigma_3 = 200$ kPa	2	0.991	3.628	>0.99
$e_0 = 1.031$，$\sigma_3 = 300$ kPa	2	0.992	3.640	>0.99
$e_0 = 1.031$，$\sigma_3 = 400$ kPa	2	0.991	3.532	>0.99

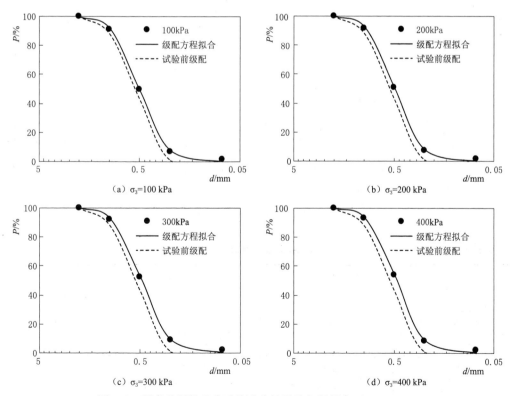

图 6.8 珊瑚砂颗粒破碎后的试验级配及方程拟合（$e_0 = 0.931$）

采用颗粒破碎指标 B_g 来表征颗粒破碎的程度，B_g 的定义是试验前后粒组含量变化的正值之和[15]，B_g 值越大表示颗粒破碎越显著。B_g 与围压之间的关系能用式（3.18）来描述，相关参数见表 6.4。随着围压的增大，颗粒破碎指标值越大，即颗粒破碎越显著，如图 6.9 所示。同时，通过图 6.9 还能发现，随着初始孔隙比的增大，试样越疏松，相同围压下的颗粒破碎量越小，反应在参数 A_2 上，见表 6.4，即参数 A_2 随着孔隙比 e_0 的增大而减小。

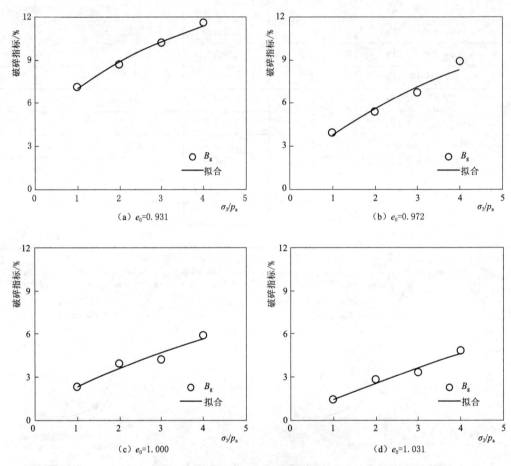

图 6.9　珊瑚砂颗粒破碎指标与围压的关系

表 6.4　　　　　　　　　　B_g 与围压的拟合参数

土料初始孔隙比	B_g 拟合参数		
	A_2	C_2	R^2
$e_0 = 0.931$	7.00	0.351	0.990
$e_0 = 0.972$	3.78	0.572	0.973
$e_0 = 1.000$	2.33	0.634	0.956
$e_0 = 1.031$	1.43	0.848	0.977

由于颗粒破碎量与初始孔隙比 e_0 和围压 σ_3 同时相关，而式（3.18）只能描述破碎量与围压 σ_3 的关系，需要寻找新的方程来描述 e_0 和 σ_3 对颗粒破碎的共同影响。贾宇峰等[14]指出，对于堆石料而言，即便是固结压力较大时，等向固结过程中几乎不发生颗粒破碎。由于本章在试验中并未测定固结过程中产生的颗粒破碎，因此，参考堆石料的规律，认为固结过程中的颗粒破碎较小，可以忽略，则试验所测得的颗粒破碎量主要来自加载剪切阶段。

固结完成后到试验结束（临界状态）这一过程中珊瑚砂孔隙比的变化除了与颗粒之间的相对运动有关，还与颗粒破碎密切相关。定义 e_c/e_{ic} 来表征临界状态相对于固结完成后孔隙比的变化参数，则 $e_c/e_{ic} > 1$ 表示的是临界状态孔隙比大于固结完成时的孔隙比，即达到临界状态时，试样体积是膨胀的；反正，$e_c/e_{ic} < 1$ 表示临界状态时试样体积缩小。

将 e_c/e_{ic} 与颗粒破碎指标 B_g 的试验值绘制在 (e_c/e_{ic})-B_g 平面，如图 6.10 所示。e_c/e_{ic} 基本都大于 1，说明珊瑚砂在临界状态时是体胀的，即体变 ε_v 为负值。e_c/e_{ic} 与 B_g 之间存在良好的线性关系，可描述为

$$\frac{e_c}{e_{ic}} = \psi - \chi B_g \qquad (6.7)$$

式中：ψ 为截距；χ 为斜率。图 6.10 中，ψ 由大到小分别为 1.33、1.23、1.15 和 1.12，$\chi = 2.5$。

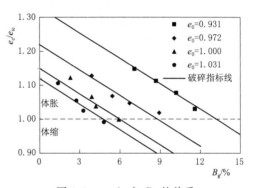

图 6.10 e_c/e_{ic} 与 B_g 的关系

由于 e_c 和 e_{ic} 分别用式（6.1）和式（6.6）来描述，可视为已知量，则珊瑚砂达到临界状态时的颗粒破碎指标 B_g 可以通过临界状态孔隙比 e_c 来估算：

$$B_g = \frac{1}{\chi}\left(\psi_0 - \frac{e_c}{e_{ic}}\right) \qquad (6.8)$$

结合图 6.10 和式（6.7）可以得出，临界状态孔隙比 e_c 与颗粒破碎指标 B_g 成负线性关系，即珊瑚砂颗粒破碎越显著，临界状态孔隙比越小，当颗粒破碎大到一定程度，临界状态孔隙比 e_c 将小于固结完成时的孔隙比 e_{ic}，即发生了体缩。

6.3 珊瑚砂的剪胀特性

6.3.1 剪胀参数与围压关系

珊瑚砂在相对密实度为 0.95（$e_0 = 0.931$）和 0.85（$e_0 = 0.972$）时的应力应变曲线如图 6.11（a）和图 6.12（a）所示，由体变曲线可见，两种密度下的珊瑚砂试样在各个围压下都存在剪胀；同时，图 6.11（b）和图 6.12（b）中给出了计算得到的破碎耗能 E_b 曲线，其中，临界状态应力比 M_c 取为定值 1.68，$\beta = 9$，E_b 并未出现负增长的情况，满足破碎耗能不可逆律，说明确定的参数 β 是合理的。

进一步地，将参数 M_c 和 β 代入式（4.20）和式（4.22）得到图 6.11（c）和图 6.12（c）

中 $dE_b/(pd\varepsilon_s)$ 与 M 的试验值，并利用式（4.23）进行拟合，得到的参数 A、C 都为 $A=1.6$，$C=1.02$。其中，相对密实度为 0.95（$e_0=0.931$）和 0.85（$e_0=0.972$）时的拟合相关系数 R^2 分别为 0.916 和 0.882。由于此前已证明，本书的剪胀方程参数适用于不同初始孔隙比和不同围压的试样，因此，对于珊瑚砂，将参数 A、C 固定为 $A=1.6$，$C=1.02$。

最后，将参数 A 和 C 代入式（4.24）得到剪胀比-应力比的预测值，并以各土料的最大试验围压和最小试验围压的 d_g-η 试验值为例，与试验值进行了对比，如图 6.11（d）和图 6.12（d）所示。结果显示：本书剪胀方程式（4.24）的预测效果与试验值吻合较好，对于不同围压下的剪缩（$d_g>0$）和剪胀（$d_g<0$）的部分都能较好地反映。从对 d_g 预测数值上对比，本书剪胀方程的预测效果虽然优于 Rowe 剪胀方程，但是两者相差并不显著。其中，对于围压 400kPa 时的预测效果较好，对于围压 100kPa 时的预测效果较差，分析原因，可能在于围压越低，颗粒破碎越小，因此，考虑与不考虑颗粒破碎的剪胀方程

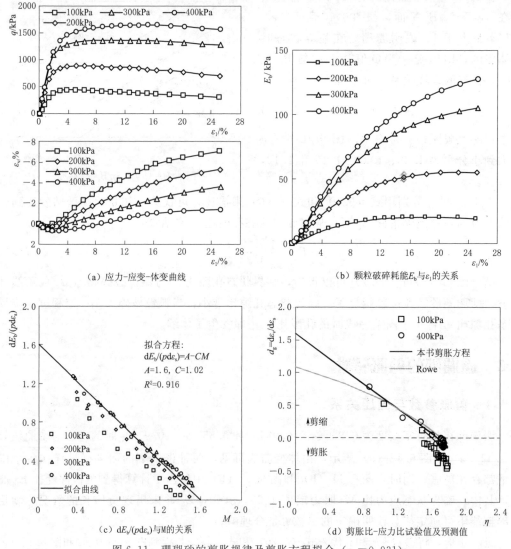

图 6.11 珊瑚砂的剪胀规律及剪胀方程拟合（$e_0=0.931$）

效果差异不大。随着围压越大，颗粒破碎越显著，则本书考虑颗粒破碎的剪胀方程效果越好。

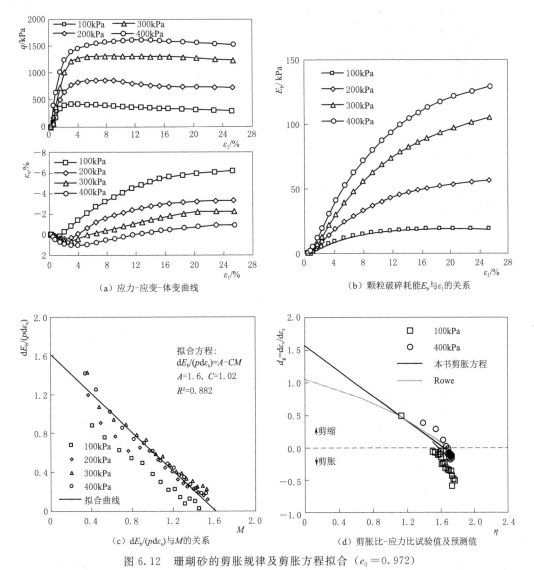

图 6.12 珊瑚砂的剪胀规律及剪胀方程拟合 ($e_0 = 0.972$)

珊瑚砂在相对密实度为 0.75 ($e_0 = 1.000$) 和 0.65 ($e_0 = 1.031$) 时的应力应变曲线如图 6.13 (a) 和图 6.14 (a) 所示，由体变曲线可见，两种密度下的珊瑚砂试样在各个围压下都存在剪胀；同时，图 6.13 (b) 和图 6.14 (b) 中给出了计算得到的破碎耗能 E_b 曲线，其中，临界状态应力比 M_c 取为定值 1.68，$\beta = 9$，E_b 并未出现负增长的情况，满足破碎耗能不可逆定律，说明确定的参数 β 是合理的。

进一步地，将参数 M_c 和 β 代入式 (4.20) 和式 (4.22) 得到图 6.11 (c) 和图 6.12 (c) 中 $dE_b/(p d\varepsilon_s)$ 与 M 的试验值，并利用式 (4.23) 进行拟合，得到的参数 A、C 都为 $A = 1.6$，$C = 1.02$。其中，相对密实度为 0.75 ($e_0 = 1.000$) 和 0.65 ($e_0 = 1.031$) 时的拟合相关系数 R^2 分别为 0.894 和 0.898。

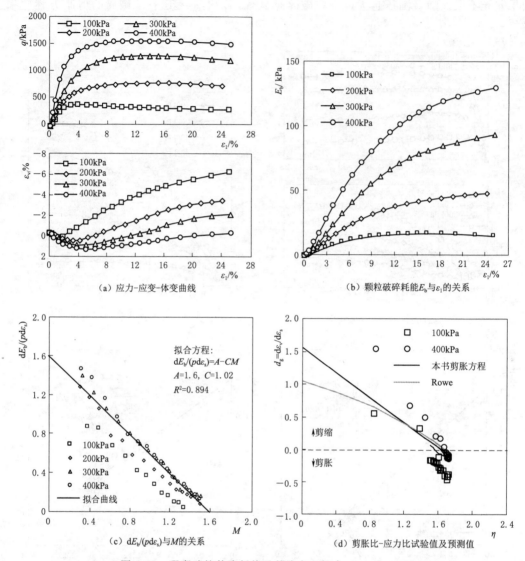

图 6.13 珊瑚砂的剪胀规律及剪胀方程拟合（$e_0 = 1.000$）

综上所述，本书所提出的考虑颗粒破碎的剪胀方程，对于珊瑚砂的适用性同样较好，能够合理地描述珊瑚砂的颗粒破碎耗能规律和剪胀特性。但是，由于试验最大围压为 400kPa，尽管珊瑚砂为易碎材料，低围压下的颗粒破碎并不显著，因此，与 Rowe 剪胀方程相比，本书文剪胀方程考虑颗粒破碎的优势并未凸显。

6.3.2 剪胀参数与孔隙比关系

上一节中已经确定珊瑚砂的固定参数为 $M_c = 1.68$，$\beta = 9$，$A = 1.6$，$C = 1.02$，为了进一步验证固定参数对于任意初始孔隙比、任意围压下珊瑚砂试样的适用性，将珊瑚砂在相同围压下不同孔隙比的试样分为一组，各组的应力应变曲线如图 6.15～图 6.18 中的分图（a）所示，$dE_b/(pd\varepsilon_s)$ 与 M 的试验值及拟合曲线如图 6.15～图 6.18 中的分图（b）所示。

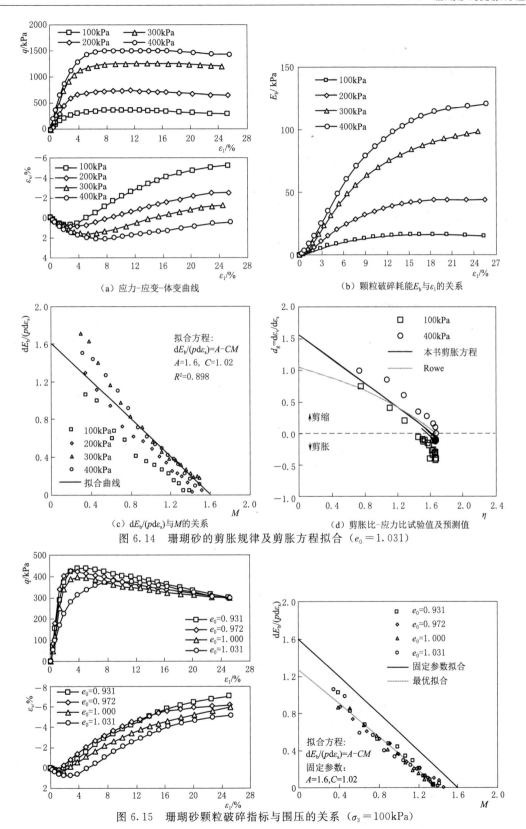

（a）应力-应变-体变曲线　　　　　（b）颗粒破碎耗能E_b与ε_1的关系

（c）dE_b/(pdε_s)与M的关系　　（d）剪胀比-应力比试验值及预测值

图 6.14　珊瑚砂的剪胀规律及剪胀方程拟合（$e_0 = 1.031$）

图 6.15　珊瑚砂颗粒破碎指标与围压的关系（$\sigma_3 = 100$kPa）

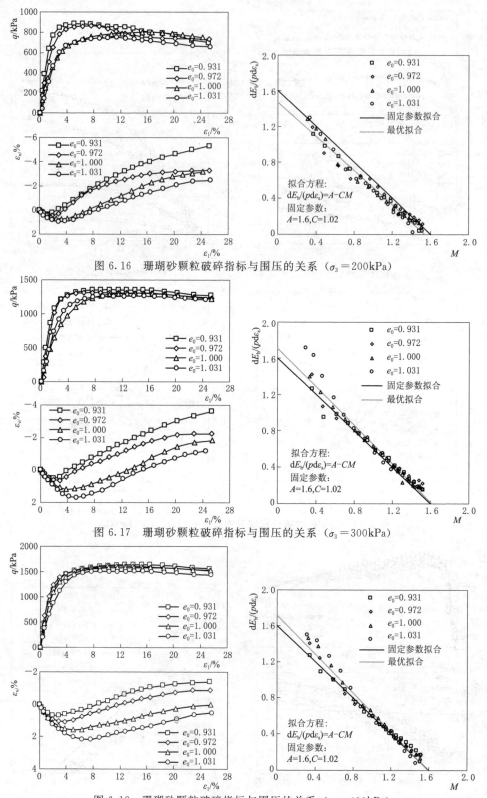

图 6.16　珊瑚砂颗粒破碎指标与围压的关系 ($\sigma_3 = 200\text{kPa}$)

图 6.17　珊瑚砂颗粒破碎指标与围压的关系 ($\sigma_3 = 300\text{kPa}$)

图 6.18　珊瑚砂颗粒破碎指标与围压的关系 ($\sigma_3 = 400\text{kPa}$)

图 6.15～图 6.18 中的分图（b）分别为围压 100kPa、200kPa、300kPa 和 400kPa 时 $dE_b/(pd\varepsilon_s)$ 与 M 的关系曲线，其中，围压为 100kPa 时的最优拟合与固定参数拟合曲线之间的差异较为显著；而围压为 200kPa、300kPa 和 400kPa 时，两条拟合曲线之间基本相同。这说明，总体而言，固定参数对于任意初始孔隙比、任意围压下珊瑚砂试样同样适用，但同时，当围压较低、颗粒破碎不明显时，产生的误差会越显著。

6.4　珊瑚砂的强度变形特性

6.4.1　强度特性

式（5.24）提出了粗粒土的峰值强度表达式，可同时反映初始孔隙比、围压对峰值内摩擦角 φ 的影响，将其应用于珊瑚砂时，如图 6.19 所示，参数为 $\varphi_{0e}=62.2°$，$\Delta\varphi=-0.1°$，$k_\varphi=-20$。预测值与试验值之间出现较为明显的偏差。其原因主要在于珊瑚砂的峰值应力比 M_f 与围压 σ_3 之间并未呈现出和堆石料等相似的规律，堆石料的峰值应力比 M_f 随着围压的增大而减小；而珊瑚砂的峰值应力比 M_f 在围压 $\sigma_3=300kPa$ 时最大，呈现出"中间大，两头小"的特点，如图 6.20 所示。

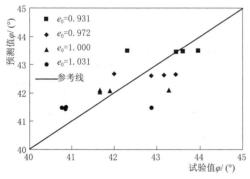

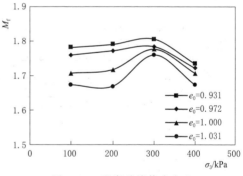

图 6.19　珊瑚砂峰值内摩擦角试验值与预测值对比　　图 6.20　珊瑚砂峰值应力比

一方面，珊瑚砂的峰值强度随着围压的衰减规律可能不如堆石料显著；另一方面，本组试验数据的可能存在一定偏差，使得不论是图 6.7 中的临界状态应力比 M_c 还是图 6.20 中的峰值应力比 M_f，都呈现出"中间大，两头小"的特点，与围压之间没有单调递增或递减的关系。因此，适用于堆石料的式（5.24）对于珊瑚砂的峰值强度描述效果稍差。

6.4.2　变形预测

珊瑚砂峰值强度和剪胀相关的参数，此前已通过三轴 CD 试验确定，见表 6.5。对于压缩相关的参数，采用最优化拟合的方法确定。

表 6.5　　　　　　　　　　　　珊 瑚 砂 的 模 型 参 数

最优化拟合（缺少压缩试验）				根据 CD 试验直接求取						
n	h_s/MPa	$\kappa/10^{-3}$	H_0	M_c	β	A	C	$\varphi_{0e}/(°)$	$\Delta\varphi$	k_φ
0.89	18.8	6.78	0.65	1.68	9	1.60	1.02	62.2	−0.1	20

　　根据表 6.5 中的模型参数，对不同围压不同初始孔隙比下的珊瑚砂应力应变进行预测，如图 6.21 所示。

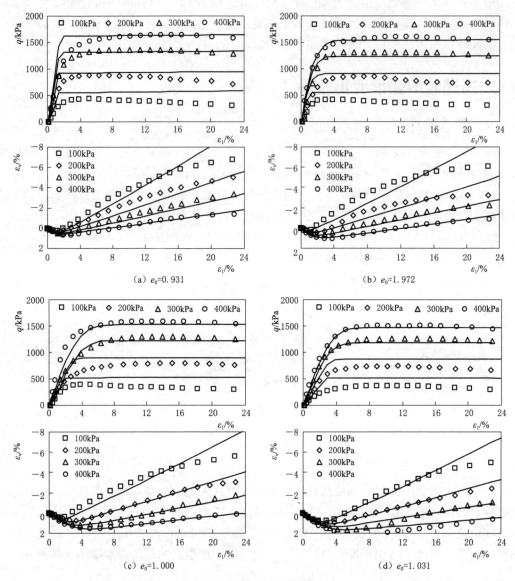

（a）e_0=0.931　　　　　　　　　　　（b）e_0=1.972

（c）e_0=1.000　　　　　　　　　　　（d）e_0=1.031

图 6.21　珊瑚砂应力变形预测

　　由于珊瑚砂的试验围压较低，不同初始孔隙比的试样在各个围压下都出现了显著的应力软化现象。值得注意的是，如式（5.31）所示，本书模型中的弹性模量 E 是大于 0 的，如式（5.30）所示，塑性模型 H 的表达式中除（$M_f - \eta$）外，其他因式都大于 0。当在固定 e_0 和 σ_3 条件下时，M_f 为定值，且 M_f 是峰值应力比，即（$M_f - \eta$）也是大于 0 的。简而言之，弹性模量 E 和塑性模量 H 都是大于 0 的，因此，模型无法反映应力软化，如图 6.21 所示：初始孔隙比 e_0 越小、围压 σ_3 越小，则软化越显著，模型预测误差越大。但是，对于体变的预测，基本与试验值相同，进一步说明了本书剪胀方程的优越性。

6.5 本章小结

珊瑚砂的颗粒破碎规律与堆石料等易碎材料类似，能够用本书所提出的级配方程较好地描述。此外，本书所提出的剪胀方程和本构模型，能够较好地反应珊瑚砂的剪胀特性及应力变形特性。可见，珊瑚砂作为易碎散粒材料的代表性土料，考虑颗粒破碎的剪胀方程及本构模型能够较好地描述其颗粒破碎之后的物理力学特性。

参考文献

[1] 蔡正银，侯贺营，张晋勋，等. 考虑颗粒破碎影响的珊瑚砂临界状态与本构模型研究 [J]. 岩土工程学报，2019，41（6）：989-995.

[2] 蔡正银，侯贺营，张晋勋，等. 密度与应力水平对珊瑚砂颗粒破碎影响试验研究 [J]. 水利学报，2019，41（6）：989-995.

[3] CAI Zhengyin, LI Xiangsong. Deformation characteristics and critical state of sand [J]. Chinese Journal of Rock Mechanics and Engineering，2004，26（5）：697-701.

[4] 罗汀，刘林，姚仰平. 考虑颗粒破碎的砂土临界状态特性描述 [J]. 岩土工程学报，2017，39（4）：592-600.

[5] 丁树云，蔡正银，凌华. 堆石料的强度与变形特性及临界状态研究 [J]. 岩土工程学报，2010，32（2）：248-252.

[6] GUO WanLi, CAI ZhengYin, WU YingLi, et al. Estimations of the three characteristic stress ratios for rockfill material considering particle breakage [J]. Acta Mechanica Solida Sinica，2019，32（2）：215-229.

[7] 纪文栋，张宇亭，裴文斌，等. 加载方式和应力水平对珊瑚砂颗粒破碎影响的试验研究 [J]. 岩石力学与工程报，2018，37（8）：1953-1961.

[8] BANDINI V, COOP M R. The influence of particle breakage on the location of the critical state line of sands [J]. Soils & Foundations，2011，51（4）：591-600.

[9] 孙吉主，汪稔. 钙质砂的耦合变形机制与本构关系探讨 [J]. 岩石力学与工程学报，2002，21（8）：1263-1266.

[10] 胡波. 三轴条件下钙质砂颗粒破碎力学性质与本构模型研究 [D]. 武汉：中国科学院武汉岩土力学研究所，2008.

[11] XIAO Y, LIU H, DING X, et al. Influence of Particle Breakage on Critical State Line of Rockfill Material [J]. International Journal of Geomechanics，2016，16（1）：04015031.

[12] 武颖利，皇甫泽华，郭万里，等. 考虑颗粒破碎影响的粗粒土临界状态研究 [J]. 岩土工程学报，2019，41（S2）：25-28.

[13] 蔡正银，李小梅，韩林，等. 考虑级配和颗粒破碎影响的堆石料临界状态研究 [J]. 岩土工程学报，2016，38（8）：1357-1364.

[14] 贾宇峰，王丙申，迟世春. 堆石料剪切过程中的颗粒破碎研究 [J]. 岩土工程学报，2015，37（9）：1692-1697.

[15] MARSAL R J. Large-scale testing of rockfills materials [J]. Journal of the soil mechanics and foundation engineering ASCE，1967，93（2）：27-44.